# 프리슈가 들려주는 꿀벌의 집단행동 이야기

# 프리슈가 들려주는 꿀벌의 집단행동 이야기



초판 1쇄 발행일 | 2010년 9월 01일
초판 12쇄 발행일 | 2021년 5월 28일

지은이 | 황신영
펴낸이 | 정은영
펴낸곳 | (주)자음과모음

출판등록 | 2001년 11월 28일 제2001-000259호
주 소 | 04047 서울시 마포구 양화로6길 49
전 화 | 편집부 (02)324-2347, 경영지원부 (02)325-6047
팩 스 | 편집부 (02)324-2348, 경영지원부 (02)2648-1311
e-mail | jamoteen@jamobook.com

ISBN 978-89-544-2205-5 (44400)

• 잘못된 책은 교환해드립니다.

프리슈가 들려주는

# 꿀벌의 집단 행동 이야기

| 황신영 지음 |

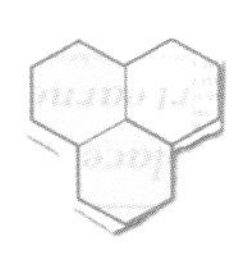

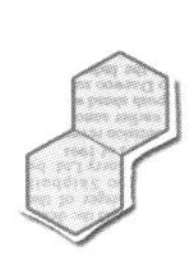

|주|자음과모음

# 프리슈를 꿈꾸는 청소년을 위한 '꿀벌의 집단행동' 이야기

흔히 인간은 만물의 영장이라고 합니다. 그렇다면 동물은 정말 인간보다 못한 것일까요? 동물에게는 단지 본능만 있고 사람처럼 마음, 지능, 학습 능력, 기억력 같은 것은 없을까요? 이러한 의문을 밝혀내는 학문이 동물 행동학입니다. 대부분의 학자들이 포유류, 조류 같은 고등 동물을 대상으로 연구할 때, 프리슈는 곤충인 꿀벌을 대상으로 연구하여 꿀벌도 학습 능력이 있고, 뛰어난 기억력을 가지고 있음을 증명했습니다.

프리슈가 임종에 이르렀을 때 그의 수제자가 "동물이 정말 생각할 줄 압니까?"라고 물었답니다. 그랬더니 "동물이 생각할 줄 안다는 것은 나도 알고, 자네도 알고 있네. 이것을 다른 사람도 알 수 있도록 과학적이고 객관적으로 설명하는 것이 과학자의 임무 아니겠나?"라고 대답했다고 합니다. 동물 행동학자가 해야 할 일을 잘 설명해 주는 일화입니다.

저는 3마리의 개를 키우고 있습니다. 3마리 모두 각자의 개성이 무척 뚜렷하고, 어느 한 녀석을 안으면 다른 녀석들이 질투의 눈빛을 마구 쏜답니다. 또 찬장을 열고 부스럭거리는 소리가 나면, 맛있는 간식을 준다는 것을 알고 어느새 발밑에서 꼬리를 흔들고 있답니다. 이처럼 주변의 동물들을 잘 관찰해 보면, 굳이 동물 행동학자가 아니더라도 여러 가지 의미 있는 발견을 할 수 있습니다.

이 책은 프리슈가 동물 행동학과 꿀벌에 관한 모든 것을 이야기해 주는 방식으로 구성되어 있습니다. 동물 행동학이라는 학문과 꿀벌의 재미있는 습성, 그리고 꿀벌이 사라지면 생태계가 위험해진다는 사실 등을 알 수 있습니다. 이 책을 통해 여러분이 조금이나마 생물학에 관심이 생겼으면 하는 바람입니다.

마지막으로 이 책을 출판할 수 있도록 배려해 준 (주)자음과모음의 직원 여러분에게 감사드립니다.

황 신 영

# 차례

부록

첫 번째 수업 1

# 동물 행동학이란 무엇일까요?

동물 행동학이란 무엇을 연구하는 학문이며,
어떻게 발전되어 왔는지를 살펴보고,
대표적인 과학자들에 대해 알아봅시다.

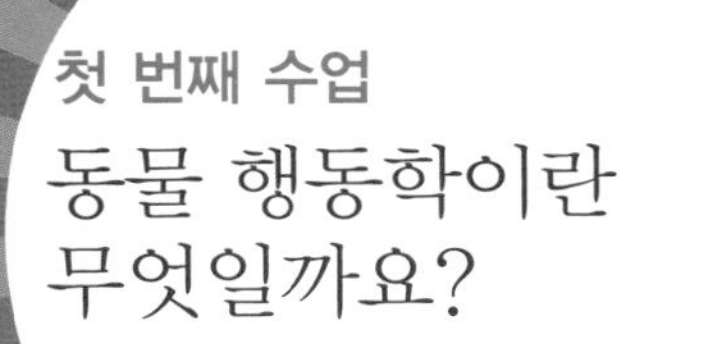

1

첫 번째 수업

# 동물 행동학이란 무엇일까요?

교과연계

| | |
|---|---|
| 초등 과학 3-1 | 3. 동물의 한살이 |
| 초등 과학 3-2 | 2. 동물의 세계 |
| 고등 과학 1 | 1. 탐구 |

프리슈가 칠판에 동물 행동학이라고
크게 쓴 다음 첫 번째 수업을 시작했다.

## 동물 행동학

여러분, 안녕하세요. 여러분과 7일간의 수업을 함께할 프리슈라고 해요. 나는 30년이 넘도록 꿀벌을 연구해 꿀벌 박사로 불리기도 하지요. 아마 전 세계 양봉업자들에게 가장 많이 사랑받은 사람 중 한 명일 겁니다.

꿀벌에 대해 이야기하기 전에 오늘은 동물 행동학이 무엇인지에 대해 먼저 알아보기로 해요.

생물학에는 유전학, 식물학, 동물학, 분류학 등 많은 종류

의 학문이 있어요. 그렇다면 동물 행동학은 무엇을 연구하는 학문일까요?

프리슈가 질문하자 학생들이 고개를 갸우뚱거렸다. 그중 한 학생이 손을 들고 대답했다.

__ 동물의 행동을 연구하는 것이 아닐까요?

맞아요. 동물 행동학은 말 그대로 동물의 행동을 연구하는 학문이에요. 좀 더 자세히 말하면 동물의 행동이나 습성, 생활 방식 등을 관찰하여 그 특징을 알아보는 학문이랍니다. 다른 말로 행동학, 행동 생물학, 비교 행동학이라고 부르기도 하지요.

옛날부터 과학자나 철학자들은 동물이 사람과 마찬가지로 감정이 있는지, 특정한 행동을 하는 데에는 어떠한 이유가 있는지 궁금하게 생각했습니다. 17세기의 철학자인 데카르트(René Descartes, 1596~1650)는 "동물은 자동으로 움직이는 살아 있는 기계"라고 생각했대요. 조금 잔인한 이야기지만, 그는 동물이 어떻게 살아 움직이는 것인지 알아보기 위해 자신의 애완견을 산 채로 해부했다고 해요. 하지만 이런 방법으로는 동물의 비밀을 밝힐 수 없었겠지요. 또 뷔퐁

(Georges-Louis Buffon, 1707~1788)이라는 과학자는 동물도 스스로 자신의 존재를 의식하고, 기억도 할 수 있다고 주장했지만, 실험으로 알아낸 것이 아니었기 때문에 이론으로 남지는 못했지요.

사실 동물 행동학이라는 용어가 사용된 지는 그리 오래되지 않았어요. 아마 여러분 중에서 처음 들어본 사람들도 많을 거예요. 동물 행동학, 영어로 'ethology'인 이 단어는 1854년 프랑스의 동물학자 생틸레르(Etienne Saint-Hilaire, 1772~1844)가 처음으로 사용했답니다. 나와 같이 노벨상을 받은 로렌츠(Konrad Lorenz, 1903~1989), 틴버겐(Nikolas Tinbergen, 1907~1988)에 의해서 생물학의 한 분야로 인정받게 되었지요.

## 동물의 행동을 연구하는 방법

그렇다면 동물의 행동이나 습관 등을 연구하기 위해서는 어떤 방법을 써야 할까요?

__ 돋보기로 자세히 관찰해요.

__ 텔레비전에서 보면 과학자들이 멀리 떨어진 곳에서 망

원경이나 카메라로 동물을 관찰하던 걸요?

__ 실험실에서 동물을 대상으로 여러 가지 실험하는 것도 봤어요.

여러분 말이 모두 맞아요. 이렇게 동물의 행동을 연구하는 방법은 여러 가지랍니다.

혹시 《파브르 곤충기》를 읽어 본 학생이 있나요? 이 책은 지금으로부터 150여 년 전에 쓰인 것이지만, 정말 재미있고 자세하게 곤충들의 습성과 생태를 알려 준답니다. 파브르(Jean Fabre, 1823~1915)는 동물 행동학 분야의 대선배님으로 30년 이상 산으로, 들로 나가 수많은 곤충들을 관찰하고, 그들의 행동 방식을 기록했지요. 이것이 동물의 행동을 연구하는 첫 번째 방법이랍니다. 이렇게 오랜 시간 동안 관찰한 내용을 글과 그림으로 기록해서 많은 곤충들의 특징을 정확하게 알아낼 수 있었지요.

과거에는 카메라나 녹음기 같은 도구가 없었지만, 오늘날에는 사람이 직접 관찰하지 않더라도 망원 카메라, 녹음기, 캠코더 같은 도구를 사용하면 동물들을 놀래키지 않고 먼 곳에서 관찰할 수 있답니다. 하지만 이 방법에는 문제가 있어요. 내가 원하는 장소, 원하는 시간에 동물들이 나타나지 않는다는 것입니다. 따라서 동물들이 나타날 때까지 아주 오랜 시간을 기다려야 해요. 텔레비전에서 동물과 관련된 자연 다큐멘터리를 본 적이 있나요? 경우에 따라 다르지만, 1~2시간 방영하는 프로그램을 만들기 위해 몇 개월, 몇 년에 걸쳐 동물들을 관찰한답니다. 이처럼 동물의 행동을 직접 관찰하여 연구하기 위해서는 많은 시간과 노력, 그리고 돈이 듭니다.

그래서 나는 이 방법을 조금 변형시켜서 연구했어요. 동물을 기르되, 아주아주 넓은 면적에서 길러서 최대한 자연 상태를 유지하는 거죠. 대관령 양떼 목장 같은 곳을 가면, 양들을 넓은 초원 위에 풀어놓고 키우죠? 마찬가지 방법으로 나는 내 연구 동물이었던 꿀벌의 벌집을 꽃밭 가까이에 두고,

그들의 행동을 관찰했어요. 또 계속 관찰하기만 했던 파브르와는 달리 꿀벌을 이용해 몇 가지 실험을 하기도 했지요. 이것이 동물의 행동을 연구하는 두 번째 방법이에요. 어떤 실험을 했는지는 차차 얘기하도록 할게요. 어쨌든 이런 방법으로 연구하면 시간과 비용을 절약할 수는 있지만, 아무래도 연구자가 자주 들락날락하기 때문에 완전한 자연 상태는 아니라는 단점이 있지요.

동물의 행동을 연구하는 세 번째 방법은 동물들을 연구실이나 실험실에 데려와 관찰하는 것입니다. 많은 동물 행동 연구들이 실험실에서 이루어졌지요.

혹시 파블로프(Ivan Pavlov, 1849~1936)의 반사 실험에 대해 들어봤나요? 그는 실험실에서 개의 행동을 연구했어요. 개들은 먹이를 주면 침을 흘립니다. 사람이 음식을 보고 군침을 흘리는 것처럼요. 그런데 개에게 종소리를 들려주면 개는 침을 흘리지 않아요. 종소리는 음식이 아니니까요. 파블로프는 먹이를 주기 전에 종소리를 들려주고, 그다음에 먹이를 주는 일을 오랫동안 반복했어요. 그랬더니 나중에는 종소

파블로프의 반사 실험

리만 들려줘도 개가 침을 흘리는 것을 발견했지요. 종소리가 울리고 나면 곧 먹이를 준다는 것을 알아채고는 종소리만 들어도 먹이에 대한 기대 때문에 침을 흘린 것입니다. 이 실험을 통해 개도 사람처럼 학습 능력이 있다는 사실을 밝혀냈답니다. 이처럼 실험실에서 동물의 행동을 관찰하거나, 여러 가지 조작을 가해 행동의 변화를 알아볼 수 있어요.

이 방법은 앞서 소개한 방법에 비해 시간과 비용, 노력이 가장 적게 들고, 내가 원하는 실험을 할 수 있다는 점에서 매우 편리해요. 하지만 이 방법 역시 문제점이 있지요. 여러분이 집에 있을 때의 행동과 학교 교무실에 들어갔을 때의 행동을 생각해 보세요. 집에서 하던 것처럼 교무실에서 편안하게 행동하지는 못하겠죠? 혹시 혼이 나지는 않을까 여러 선생님들의 눈치도 보고, 평소보다는 얌전한 모습일 것입니다. 이처럼 대부분의 동물 행동학자들은 실험실과 자연 상태에서의 동물의 행동은 다르다고 생각한답니다. 그래서 이 방법은 동물 행동 연구의 보조적인 방법으로 사용될 뿐 주된 방법으로는 쓰지 않아요.

마지막으로 제인 구달(Jane Goodall, 1934~)이라는 동물 행동학자가 사용해서 유명해진 방법이 있습니다. 그녀는 동물 행동학에 대해 정식으로 배운 사람은 아니었습니다. 그저

침팬지가 좋아서 1960년부터 현재까지 아프리카 탄자니아 곰비 국립 공원에서 침팬지 무리와 같이 생활하며 그들의 행동 습성을 알게 되었답니다.

여러분이 친구를 사귈 때 말을 걸지 않고 멀리서만 지켜본다면 그 친구의 성격이나 특징, 말버릇 같은 것을 알아내기 힘들 것입니다. 직접 어울려 사귀어 봐야 친구의 습관이나 장단점 등을 알 수 있겠지요. 구달도 이와 마찬가지로 생각했답니다. 겉에서만 관찰해 봐야 동물들의 진정한 특징을 알 수 없으며 그 무리의 구성원으로 생활하고, 동물들의 동료로 인정을 받아야만 진정한 행동 습성을 알 수 있다고 말이죠. 당연한 생각이지만 이전의 과학자들은 미처 생각하지 못했

던 것이죠. 따라서 기존의 형식에 얽매이지 않은 자유로운 생각으로 새로운 방법이 만들어진 것이라고 볼 수 있지요.

구달은 침팬지와 함께 생활하면서 그들의 언어와 생활 방식을 익히고, 구성원으로서 인정받았습니다. 그 결과 침팬지들도 다양한 개성을 가지고 있으며, 도구를 사용할 수 있다는 것 등 기존의 학설을 뒤집는 놀라운 결과를 발표했습니다.

이 방법은 사실 동물 행동을 연구하는 가장 최선의 방법입니다. 하지만 어느 정도 지능이 있는 동물(오랑우탄, 침팬지 등)만 연구할 수 있다는 단점이 있습니다. 아, 호랑이나 사자 같은 무서운 육식 동물도 안 되겠군요. 하하.

자, 그럼 동물의 행동을 연구하는 방법을 정리해 봅시다.

- 자연 상태에서 관찰한다.

  ㊎ 파브르의 곤충 연구 방법

- 인공적인 자연 상태에서 관찰한다.

  ㊎ 프리슈의 꿀벌 연구 방법

- 실험실에 데려와 연구한다.

  ㊎ 파블로프의 개 연구 방법

• 동물들의 무리에 섞여 구성원이 되어 관찰한다.

㉮ 구달의 침팬지 연구 방법

이제 동물 행동학에 대해 어느 정도 감이 잡히나요? 현재까지 행동이 자세히 밝혀진 동물의 종류는 매우 적어요. 그나마 척추동물(포유류, 조류, 파충류, 양서류, 어류)이 많이 연구되었고, 무척추동물 중에는 곤충, 그중에서도 개미와 꿀벌이 가장 잘 알려져 있죠.

## 신기한 동물들의 행동

그렇다면 동물들의 행동에 대해 몇 가지 알아볼까요? 흔히 인간은 만물의 영장이라고 해요. 그렇다면 동물과 인간이 다른 점은 무엇일까요? 동물 행동학이 잘 알려지지 않았던 옛날에는 동물은 본능만 가지고 있어서, 감정이나 이성, 학습 능력이 있는 인간과는 질적으로 다르다고 생각했어요. 하지만 여러 학자들의 연구 결과를 통해 동물들도 감정이 있고, 학습 능력이 있다는 사실이 속속 밝혀지고 있죠.

예를 들어, '알렉스'라는 이름의 붉은꼬리회색앵무새는 훈

련을 통해 80개의 사물의 이름과 7가지의 색깔, 5가지의 모양을 구별할 수 있다고 해요. 예를 들어 파란색 사각형을 보여주고, "이게 무슨 색이지?"하고 물어보면 "파란색"이라고 답하고, "어떤 모양이지?"하고 물어보면 "사각형"이라고 대답한다고 합니다.

동물이 창조적인 생각을 할 수 있다는 증거도 있습니다. 독일의 심리학자 쾰러(Wolfgang Köhler)는 나무 상자가 하나 놓여 있는 방에 침팬지를 들여보냈습니다. 천장에는 침팬지가 아무리 힘껏 뛰어도 잡을 수 없는 높이에 바나나를 매달아 두고요. 한참을 팔짝거리던 침팬지는 나무 상자를 바나나 아래로 밀고 올라가서 천장에 매달린 바나나를 땄습니다. 이

실험을 통해 동물도 문제 해결 능력이 있다는 사실이 증명된 것이지요.

이 밖에도 최근에는 유전학에 동물 행동학을 접목해 동물의 행동이 특정 유전자 때문에 일어난다는 것을 밝히거나, 동물의 뇌 기능을 밝혀 행동의 특성을 알아내는 등 다양한 분야에서 동물 행동학 연구가 이뤄지고 있답니다.

다음 시간에는 본격적으로 꿀벌에 대해 알아보기로 해요.

## 만화로 본문 읽기

동물들의 행동을 연구하면 그게 동물 행동학인 거죠?
그렇습니다. 동물의 습성이나 특징을 관찰하고 연구하여
푸드덕
멍멍
다른 동물들과 비교하는 학문이지요.

붉은꼬리회색앵무새인 '알렉스'는 훈련을 통해 80개의 사물과 7가지 색깔, 5가지 모양을 구별할 수 있다는 것에 놀랐어요.
내가 좀 하지.

저도 요즘 동물의 행동을 연구 중이에요.
어떤 동물?
호오~
그래요?

깜짝
우리 집 강아지요.
오~. 가까이 있는 동물은 특징을 더 잘 알 수 있고, 다양한 연구를 할 수 있어서 좋지요.
그래서 어떤 것들을 알아냈어?

종종 같은 행동을 할 때가 있어요.
예를 들어 엄마 몰래 간식을 훔쳐다 자기만의 보물 창고에 숨긴다거나….
호오~ 흥미롭군요.
아, 그런 행동 패턴을 열심히 기록하고 있는 거야?

흐흐흐~
그 간식들을 내가 다시 훔쳐 먹고 있지!
뭐라고요?!
왈왈
크…, 내가 보기엔 너야말로 연구 대상감이다.

두 번째 수업

2

# 꿀벌 사회의 구성원 –일벌, 수벌, 여왕벌

꿀벌 사회를 이루는 일벌, 수벌, 여왕벌의 생김새와 특징을 살펴보고, 그들이 하는 일에 대해 알아봅시다.

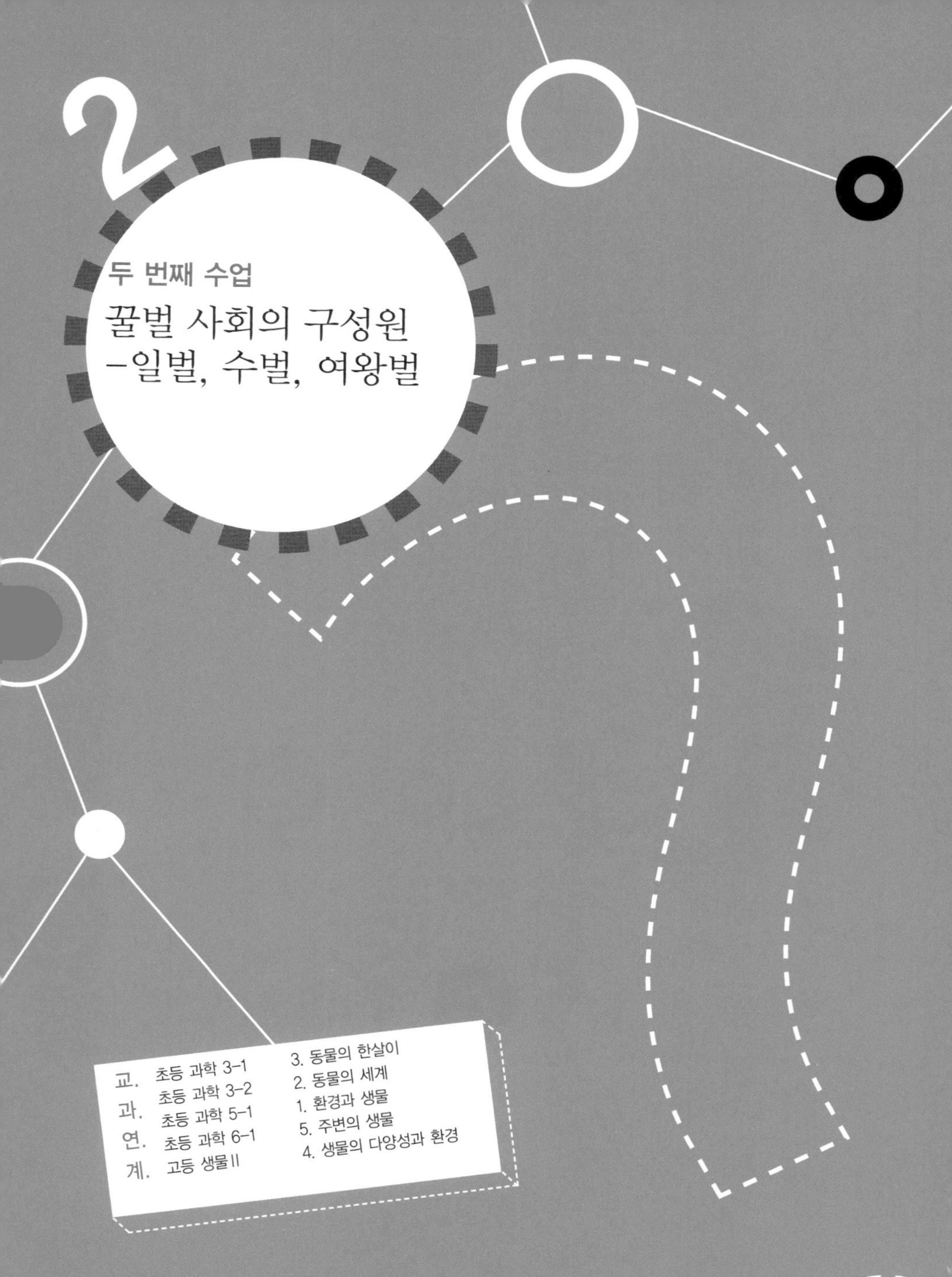

## 두 번째 수업

# 꿀벌 사회의 구성원 –일벌, 수벌, 여왕벌

| 교과연계 | | |
|---|---|---|
| | 초등 과학 3-1 | 3. 동물의 한살이 |
| | 초등 과학 3-2 | 2. 동물의 세계 |
| | 초등 과학 5-1 | 1. 환경과 생물 |
| | 초등 과학 6-1 | 5. 주변의 생물 |
| | 고등 생물II | 4. 생물의 다양성과 환경 |

# 프리슈는 꿀벌 이야기를 할 생각에 신이 나서 두 번째 수업을 시작했다.

## 꿀벌

꿀벌의 학명은 '*Apis mellifera*(아피스 멜리페라)' 예요. '꿀을 나르는 벌' 이라는 뜻이랍니다.

꿀벌의 생김새는 꿀과 꽃가루를 나르는 데 알맞은 구조로 되어 있답니다. 다음 페이지의 그림을 보면서 꿀벌의 전체적인 모습을 살펴보기로 하죠. 그림에서는 커 보이지만 꿀벌의 실제 몸길이는 약 12mm, 날개를 편 길이는 24mm 정도 되는 아주 작은 동물이랍니다.

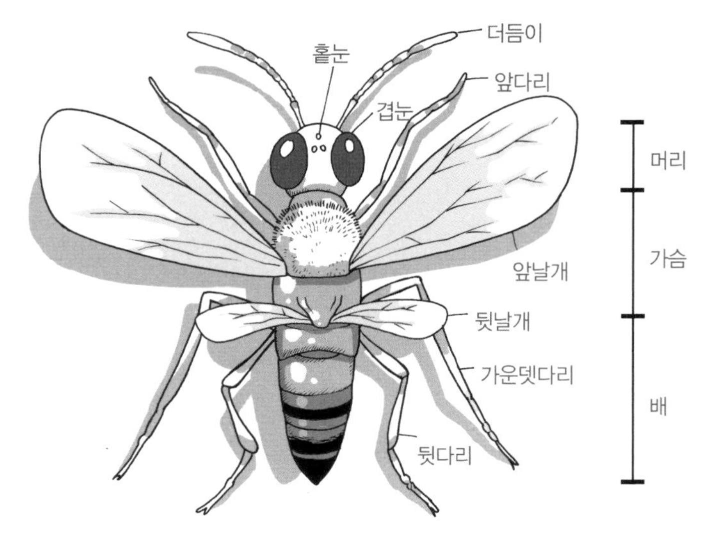


꿀벌의 생김새

꿀벌은 분류 상 어디에 속하는 동물일까요? 척추동물과 무척추동물 중 무척추동물에 속합니다. 그중 절지동물(몸에 마디가 있는 동물)에 속하지요. 그리고 절지동물 중에서 곤충에 속합니다. 곤충은 전 세계 동물 중에서 가장 많은 수를 차지하고 있어요. 지구상의 동물 중 $\frac{3}{4}$ 정도가 곤충이지요.

그렇다면 곤충의 특징은 무엇일까요?

__ 몸이 머리, 가슴, 배의 세 부분으로 나뉘어져 있어요.

__ 1쌍의 더듬이와 2쌍의 날개, 3쌍의 다리가 있어요.

네, 잘 알고 있군요. 꿀벌도 곤충이므로 이러한 특징을 가지고 있답니다. 그럼 꿀벌의 각 부분에 대해 좀 더 자세히 알아볼까요?

## 꿀벌의 더듬이

꿀벌의 머리에는 한 쌍의 더듬이와 2개의 겹눈, 3개의 홑눈, 그리고 입이 있어요.

더듬이는 여러 가지 일을 하는 만능 기관이에요. 사람의 피부처럼 촉감을 느낄 수도 있고, 온도를 감지하기도 하죠. 또 습도를 알 수 있어요. 더듬이의 끝부분 8마디는 냄새를 맡는

답니다. 마치 사람의 코와 같은 일을 하는 셈이지요. 그래서 꿀벌의 더듬이를 자르면 냄새를 맡지 못하고, 온도를 감지하지도 못한답니다. 따라서 꿀벌의 더듬이는 피부와 코의 역할을 모두 하는 셈이지요.

꿀벌의 촉각과 후각 능력은 살아가는 데 굉장히 중요해요. 먹이가 되는 꿀이나 꽃가루를 얻기 위해서는 어디에 꽃이 활짝 피어 있는지 알아야 하니까요.

__ 꿀벌의 더듬이를 가지고 장난쳤던 게 미안해지네요.

## 꿀벌의 눈

사람의 눈은 색깔과 명암, 형태를 모두 구분할 수 있지만, 곤충의 눈은 하는 일이 나뉜답니다. 겹눈은 색과 형태를 보고, 홑눈은 명암을 구별하죠. 꿀벌의 겹눈을 자세히 들여다보면 6,000개의 낱눈으로 이루어져 있는 것을 알 수 있어요. 그래서 꿀벌이 보는 세상은 사람과 달라요.

컴퓨터로 사진이나 그림을 계속 확대해 보면, 사각형의 점으로 구성된 모자이크 형태를 띠죠? 곤충에게는 모든 경치가 이렇게 모자이크처럼 보인답니다. 그래서 꽃 가까이까지 날아가야 꽃의 생김새를 어느 정도 구별할 수 있어요.

그렇다면 꿀벌이 보는 색깔은 사람과 같을까요? 사람은 빨간색, 파란색, 초록색을 구분할 수 있지만, 꿀벌은 빨간색을 구별할 수 없어요. 파란색, 초록색, 노란색만 구별할 수 있답니다. 하지만 사람이 보지 못하는 자외선을 볼 수 있어요. 그래서 우리가 보는 빨간 꽃이 꿀벌에게는 흑백으로 보이고, 우리가 볼 수 없는 꽃잎의 자외선 문양을 꿀벌은 또렷하게 볼 수 있는 것이죠. 꽃은 꿀벌의 눈에 잘 보이는 자외선 무늬를 꽃 안쪽에 만들어서 꿀벌이 꿀과 꽃가루를 잘 찾을 수 있도록 도와줍니다.

비행기를 타고 여행할 때 밤이거나 안개가 끼는 상황이면 공항 활주로에 불이 켜지는 것을 본 적이 있을 거예요. 비행기 조종사들은 활주로 옆의 밝은 등을 보고 안전하게 착륙하지요. 이처럼 벌의 눈에는 꽃 안쪽의 자외선 무늬가 활주로가 되어 맛있는 꿀과 꽃가루가 있는 장소를 안내해 주는 것처럼 보인답니다.

꿀벌의 입은 꿀을 잘 모을 수 있도록 길고 뾰족하게 생겼기 때문에 꿀이 있는 곳만 잘 찾으면 그다음은 문제없어요. 꽃의 깊숙한 부분에 숨겨 있는 꿀샘에서 꿀을 잘 빨기만 하면 되니까요.

## 꿀벌의 가슴

자, 이번에는 가슴 쪽으로 가 볼까요? 꿀벌의 가슴에는 두 쌍의 날개와 세 쌍의 다리가 붙어 있습니다. 또 가슴을 포함한 몸 전체에는 얇은 털들이 수없이 나 있어서 꽃가루가 잘 달라 붙어요.

날개는 투명한 회색을 띠고, 길쭉한 그물 무늬가 있습니다. 벌은 꿀과 꽃가루를 모으기 위해 하루에 몇 km씩 날아다니

기 때문에 날개가 매우 중요합니다. 또 꿀벌은 날갯짓으로 벌집 안의 온도를 낮추거나 높이기도 한답니다. 이 이야기는 뒤에서 다시 하도록 해요.

꿀벌의 뒷다리는 꽃가루를 모으기에 알맞게 생겼어요. 옴폭 들어간 꽃가루 바구니 부분이 있어 여기에 꽃가루를 둥글게 뭉쳐 나를 수 있답니다.

그렇다면 꿀은 어떻게 저장할 수 있을까요? 꿀벌은 창자의 일부가 꿀주머니로 변형되었어요. 일단 꿀주머니에 꿀을 저장했다가 벌집으로 돌아오면, 꿀주머니에서 꿀을 토하지요. 꿀벌의 몸무게는 90mg 정도인데 최대 40mg까지 꿀을 저장할 수 있어요. 거의 몸무게의 절반이나 되는 꿀을 운반할 수 있는 셈이지요.

## 꿀벌의 침

꿀벌의 배 부분은 다른 곳에 비해 비교적 단순해요. 검은색 줄무늬가 있고, 끝부분에는 갈고리 모양의 독침이 있지요. 한 번 찌를 때 나오는 독의 양은 0.0002~0.0003mg에 불과하지만, 적을 물리치는 데에는 충분하답니다.

흔히 꿀벌이 침을 쏘고 나면 죽는다고 하는데 맞는 말일까요? 답은 '반드시 그렇지는 않다' 입니다. 같은 곤충, 예를 들어 말벌이나 이웃 꿀벌과의 싸움에서는 침을 쏘아도 바로 뺄 수 있기 때문에 죽지 않습니다. 그런데 사람에게 쏠 경우 피부에 박힌 침이 잘 빠지지 않기 때문에 침과 연결된 내부 기관이 빠져 나와 죽게 되는 것입니다. 그래서 사람들은 '침을 쏜 꿀벌은 죽는다' 고 생각하게 된 것이지요.

하지만 이러한 꿀벌의 죽음은 괜한 것이 아니랍니다. 아군을 더 많이 불러오는 효과를 내거든요. 벌이 적을 향해 독침을 쏘게 되면 적의 침입을 알리는 향기 물질이 나와서 동료 벌들을 불러 모아 적을 무찌릅니다. 한 가지 알아 두어야 할 점은 이 경고 물질의 향은 잘 익은 바나나 냄새와 비슷하다는 것입니다. 만일 벌집 근처에서 여러분이 바나나를 먹는다면 어떻게 될지 눈에 선하지요? 따라서 벌에 쏘이지 않으려면 벌집 근처에서 바나나를 먹는 일은 반드시 피해야 한답니다. 만일 벌에 쏘였다면 남아 있는 벌침을 제거하고, 얼음찜질과 소독을 해 주면 어느 정도 응급 처치는 됩니다. 하지만 말벌에 쏘일 경우 독성이 강해 생명이 위험해질 수도 있으니 빨리 병원에 가야 해요.

옛날 사람들은 꿀벌의 침을 전쟁에 사용하기도 했답니다. 중세 시대에는 성벽 뒤에 벌집을 기르다가 공격을 받으면 적에게 던져 독침 세례를 받도록 했습니다. 실제로 프랑스의 앙리 1세는 적에게 포위 공격을 당했을 때, 벌집을 던져 적들의 말이 놀라 도망치는 바람에 이길 수 있었다고 해요. 그뿐만 아니라 미국의 남북 전쟁, 제1차 세계 대전에서도 전투 시 벌집을 사용했다는 기록이 있다고 하니 벌침이 전쟁의 승패에 미친 영향이 크다고 할 수 있어요.

또한 꿀벌의 배의 마디 부분에서는 벌침 이외에 밀랍이라는 하얀 조각의 물질이 나오기도 해요. 밀랍에 관한 자세한 얘기는 뒤의 수업에서 하도록 할게요.

어때요, 이제 여러분은 꿀벌의 생김새에 관해서는 전문가라고 말할 수 있겠죠?

지금까지 알게 된 사실을 정리해 볼까요?

- 꿀벌은 곤충에 속하며, 머리, 가슴, 배로 나뉘어져 있다.
- 꿀벌은 1쌍의 더듬이, 2쌍의 날개, 3쌍의 다리가 있다.
- 꿀벌의 각 기관은 꽃을 찾아 꽃가루와 꿀을 모으기에 알맞게 발달되어 있다.

## 사회를 이루며 사는 개미와 꿀벌

'인간은 사회적 동물이다' 라는 말을 들어본 적 있나요? 고대 그리스의 철학자 아리스토텔레스(Aristoteles)가 한 말이랍니다. 사람은 사회를 떠나서는 살 수 없다는 뜻이지요. 어렸을 때 늑대 무리에서 자란 소녀가 다 자라서 사회에 돌아왔지만 사람의 말도 할 수 없고 죽을 때까지 사회의 규범을 익히지 못했다는 이야기나, 소설 《로빈슨 크루소》의 주인공이 무인도에서 몇 년 이상 혼자 살면서 극한의 외로움을 느낀다는 이야기는 인간에게 사회생활이 얼마나 중요한지를 알려주는 예일 것입니다. 하지만 인간과 달리 대부분의 동물들은 조그맣게 무리를 지어 살거나, 혼자 산답니다. 그런데 사람처럼 사회를 이루며 사는 동물들이 있어요. 어떤 동물일까요?

__ 개미와 꿀벌이오.

네, 맞습니다. 잘 알고 있네요. 하지만 단순히 많은 수가 모여서 살아가는 것만으로는 사회생활을 한다고 할 수가 없어요. 단순히 집단생활을 하는 것일 뿐이죠. 그렇다면 사회를 이루며 사는 것과 단순히 무리를 지어 집단생활을 하는 것은 차이가 있을까요?

프리슈가 다시 질문을 하자 학생들은 고개를 갸우뚱거리며 대답을 하지 못했다.

질문이 좀 어려웠나 보군요. 그럼 예를 하나 들어 보죠. 여러분이 다니는 학교에는 교장 선생님, 담임 선생님, 학생, 수위 아저씨, 영양사 선생님 등 많은 사람들이 있지요. 이 사람들은 모두 학교의 구성원이지만, 각자 자기가 맡은 일이 있답니다. 교장 선생님은 학교의 여러 가지 중요한 일을 결정하는 분이고, 담임 선생님은 학생들을 지도하고, 수업을 가르쳐 주시는 분이죠. 또 수위 아저씨는 학교의 안전과 경비를 담당하시는 분이고, 영양사 선생님은 여러분의 건강을 위해 균형 잡힌 식단을 짜는 분이랍니다. 학생들은 당연히 공부를 열심히 하는 일일 거고요. 여러분은 현재 자신의 일을

충실히 하고 있나요? 하하. 또한 먼 훗날 여러분이 사회에 나가면 회사에 들어가 각자 맡은 일을 하게 되겠지요. 이런 모습들이 바로 사회를 구성하는 요소가 되지요. 자, 이제 꿀벌과 개미를 왜 사회생활을 하는 동물이라고 하는지 알 수 있나요?

__ 꿀벌 무리는 여왕벌, 수벌, 일벌로 이루어져 협동하며 살아가기 때문인 것 같아요.

__ 개미들도 여왕개미, 수개미, 일개미가 서로 협동해서 살기 때문이에요.

네, 맞습니다. 꿀벌 사회는 한 마리의 여왕벌과 2만~3만 마리의 일벌, 그리고 몇 십 마리의 수벌로 이루어져 있습니다. 이들은 각자 자신이 맡은 일을 열심히 하며 협동하여 살아가고 있습니다. 이들 중에 어느 하나라도 자신의 일을 다 하지 않는다면, 그 꿀벌 무리는 위기에 처하게 됩니다.

## 여왕벌, 수벌, 일벌의 생김새

여왕벌, 수벌, 일벌에 대해 좀 더 자세히 알아보기로 해요. 앞에서 꿀벌의 생김새에 대해 공부했습니다. 모두 기억하고 있지요? 그런데 꿀벌의 종류에 따라 생김새와 몸의 크기 등이 조금씩 다릅니다.

프리슈는 사진 한 장을 꺼내며 말했다.

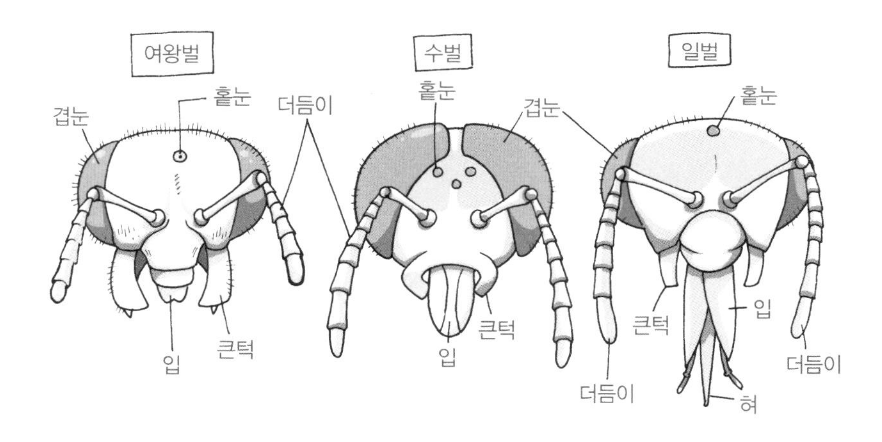


각 벌의 생김새에서 어떤 점이 다른지 찾을 수 있나요? 서로 다르게 생긴 부분을 찾아 말해 봅시다.

프리슈가 질문하자 학생들은 모두 자세히 사진을 들여다보았다.

__ 입 부분이 서로 다르게 생겼어요. 일벌은 길쭉한데, 수벌은 짧고 여왕벌은 거의 없어요.



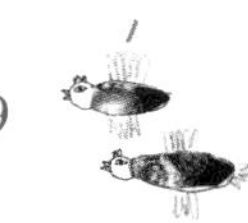

__ 수벌의 겹눈이 여왕벌과 일벌에 비해 커요. 홑눈도 3개나 있어요.

모두 관찰력이 뛰어나군요. 여왕벌의 입은 일벌처럼 길쭉하지 않아요. 그 이유는 일벌들이 시중을 들고 먹을 것도 주기 때문에 입이 퇴화된 것이지요. 꽃의 깊은 곳에 있는 꿀을 먹을 필요 없이, 일벌들이 주는 먹이를 먹기만 하면 되니까요. 수벌도 직접 꿀을 모으러 다니지 않기 때문에 일벌처럼 입이 길지 않아요. 따라서 벌집 안에 저장되어 있는 꿀과 꽃가루를 먹으면 되기 때문에 적당한 길이의 입을 가지고 있죠. 하지만 일벌은 꽃 깊숙이 숨겨져 있는 꿀을 모을 수 있도록 길쭉한 입과 맛을 잘 구별할 수 있는 혀가 발달되어 있답니다.

또 수벌은 다른 벌들에 비해 겹눈이 큽니다. 겹눈은 물체의 색깔과 모양을 구별한다고 했지요? 눈이 크면 여왕벌과의 혼인 비행(세 번째 수업 참고) 때 높이 날아오르는 여왕벌을 놓치지 않는 데 유리합니다. 다른 수벌들보다 먼저 여왕벌을 찾아야 짝짓기를 할 수 있으니까요. 같은 이유로 수벌의 홑눈도 여왕벌이나 일벌에 비해 많은 것입니다.

자, 여왕벌, 수벌, 일벌의 또 다른 점은 어떤 것이 있을까요? 일단 몸의 크기에도 차이가 있습니다. 여왕벌의 몸길이는 15~20mm이며 배가 길쭉합니다. 다른 벌의 배보다 2배가량 커서 여왕벌의 모습을 쉽게 구별할 수 있지요. 여왕벌의 배안에는 알이 가득 들어 있어서 매일 수많은 알을 낳을 수 있답니다. 수벌의 몸길이는 15~17mm로 여왕벌보다 조금 작고 일벌보다 큽니다. 일벌의 몸길이는 12~14mm이지요. 몸집이 가장 작지만, 꿀벌 사회 구성원의 대부분을 차지하고 있고 수많은 일을 담당하는 부지런한 일꾼이랍니다.

또 수명도 다릅니다. 여왕벌의 수명은 일벌이나 수벌에 비해 대단히 길어 보통 4~5년 정도를 살 수 있습니다. 드문 경우지만 8년이나 산 여왕벌도 있다고 하는군요. 이에 비해 수벌은 2~3개월밖에 살지 못해요. 일벌의 수명은 언제 태어나느냐에 따라 크게 달라져요. 한창 꿀을 모으고 바쁘게 지내야 할 시기에 태어난 일벌은 30~50일 정도를 삽니다. 너무 힘들게 일해서 금방 죽는 거죠. 하지만 겨울에 태어난 일벌은 3~5개월 정도를 삽니다. 겨울에는 거의 벌집 안에서만 생활하여 비교적 힘든 일을 하지 않기 때문이랍니다.

꿀벌의 성별은 어떨까요? 여왕벌은 알을 낳으니 당연히 암컷일 것이고, 수벌은 글자 그대로 수컷이겠죠. 그럼 일벌의 성별은 어떨까요? 암수 골고루 있을까요? 모든 일벌은 암컷입니다. 하지만 알을 낳을 수 있는 여왕벌과는 다르게 생식

기능이 퇴화되었기 때문에 번식을 할 수 없어요. 따라서 어떤 무리의 여왕벌이 사고로 죽었을 때, 새 여왕벌이 나오지 못하면 그 무리는 자손을 남길 수 없게 된답니다.

이번에는 각각의 벌들이 하는 일에 대해 알아보기로 해요.

## 여왕벌, 일벌, 수벌의 일

흔히 여왕벌, 일벌이라는 이름을 보고 여왕벌은 아무 일도 안 하고 놀며, 일벌은 일만 하는 것처럼 연상되어 불공평하다고 생각할지 몰라요. 마치 중세 시대의 왕과 귀족, 노예와 같이 신분의 차이에 따라 불공평한 대접을 받는 것처럼요.

하지만 알고 보면 하는 일에 따라 이름이 구별될 뿐 공평하답니다. 꿀벌 사회에서는 여왕벌, 일벌, 수벌 모두 동등한 사회 구성원일 뿐이에요.

여왕벌이 하는 일은 알을 낳는 것뿐입니다. 열심히 일을 하는 일벌에 비해 편하다고 생각할 수도 있지만, 쉬운 일이 아니랍니다. 여왕벌은 벌집의 방 안에 1개씩 알을 낳는데, 그때마다 걸리는 시간은 약 10초로 하루에 2,000개 이상의 알을 낳거든요. 여름 한철 동안 20만 개의 알을 낳는 것이죠. 온종일 밖으로 나가지도 못하고 벌집에서 알만 낳는 여왕벌의 모습을 생각해 보세요. 얼마나 힘들지 상상이 가지 않나요? 물론 여왕벌을 돌보는 시녀 일벌들이 항상 붙어 있지만요.

수벌은 여왕벌과 짝짓기를 할 뿐 아무 일도 하지 않습니다. 하지만 편안한 팔자의 수벌을 부러워하지는 마세요. '일하지 않는 자 먹지도 말라!' 라는 말이 있듯이, 빈둥대던 수벌은 번식기 이후에 벌집에서 쫓겨나 모두 죽는답니다. 일벌들이 합심해서 수벌을 쫓아내는 것이지요. 수벌은 밖에서 꿀과 꽃가루를 모아 본 적이 없기 때문에 스스로는 먹이를 구할 수가 없어요. 또 꽃 속의 꿀을 먹을 수도 없고요. 그래서 안타깝게도 굶어 죽지요.

흔히 꿀벌하면 떠오르는 이미지는 '근면, 성실, 희생' 같은 단어인데, 바로 일벌의 일하는 모습에서 연상되는 것이랍니다. 일벌은 굉장히 많은 일을 담당하는데 경우에 따라 다르기도 하지만 대개 나이에 따라 하는 일이 달라집니다.

아무리 많은 일을 하는 일벌이지만, 처음부터 모든 일을 다 잘할 수는 없어요. 갓 태어난 일벌은 자신의 몸과 자기가 지냈던 방을 깨끗이 청소하는 일부터 합니다. 아직은 청소밖에 할 줄 아는 일이 없는 거죠. 그 후 10일 동안은 입에서 나오는 로열젤리로 애벌레를 기릅니다. 유모의 소임을 하는 거죠. 이후에는 벌집을 청소하거나 몸에서 나오는 밀랍으로 벌집을 짓고 부서진 벌집을 수선하는 수선공 임무를 합니다. 이렇게 갓 태어나서는 집안일을 돌보다가 태어난 지 20일이 지나면 밖으로 나가 먹이를 구하러 다닙니다. 가정주부로서의 일을 하다가 돈을 벌기 위해 나가는 셈이지요.

따라서 우리가 밖에서 보는 일벌들은 태어난 지 어느 정도 지나 경험이 많은 일벌이랍니다. 밖에서 활동하는 것은 적을 만나거나 급격한 기후 변화 등 여러 가지 위험한 일을 만날 수 있기 때문에 경험이 많은 일벌들이 하는 것이지요.

일벌의 혀는 길쭉하며 자유롭게 늘이고 줄일 수 있어서 꿀을 모으는 데 유리합니다. 또 뒷다리에 꽃가루 덩어리를 뭉쳐 오는 것으로 모자라 온몸에 꽃가루를 묻혀 많은 양의 식량을 모아 오지요. 적이 쳐들어오면 방어를 하는 일도 일벌의 몫이랍니다. 이처럼 일벌은 암컷이면서도 알을 낳지 못하는

대신 집안의 모든 일을 맡아서 합니다. 유모, 시녀, 건축가, 청소부, 꿀 채집가, 군인 등 못하는 일이 없죠. 그래서 만능 일꾼인 일벌의 수명은 다른 벌들에 비해 짧은 것이랍니다.

한 가지 재밌는 사실은 일벌 중에도 게으름뱅이가 있다는 사실입니다. 꽃밭에서 꿀을 모으는 꿀벌들을 자세히 관찰한 결과 모든 꿀벌이 부지런한 것은 아니라는 사실을 알아냈어요. 빈둥거리며 일하는 시늉만 하는 일벌도 있고, 열심히 일만 하는 일중독 일벌도 있고요. 게으름뱅이 일벌은 일중독 일벌이 10번 이상 비행을 나가 꿀과 꽃가루를 모으는 동안 1~3번 정도 비행을 나갑니다. 사람들도 부지런한 사람, 게으른 사람, 똑똑한 사람, 멍청한 사람, 추위를 잘 타는 사람, 더위를 잘 타는 사람 등 다양한 개성과 성격을 가진 것처럼 꿀벌들도 다양한 특징을 가지고 있다는 것을 알 수 있어요. 하지만 이런 게으름뱅이 벌들은 그리 많지 않기 때문에 꿀벌들의 단체 생활에는 큰 문제가 없습니다.

어쨌든 꿀벌 무리는 알을 낳는 일과 애벌레를 기르는 일, 먹이를 모으는 일 등을 여왕벌, 수벌, 일벌이 나누어 맡음으로써 마치 한 마리의 곤충이 생활하듯 전체가 움직이고 있습니다. 이렇게 살아가기 때문에 꿀벌을 사회생활을 하는 동물이라고 하는 것이지요. 하지만 모든 벌들이 꿀벌처럼 사회생

활을 하는 것은 아닙니다. 벌들 중에는 꿀벌처럼 무리를 이루고 살지 않는 벌도 있어요.

## 나나니벌

나나니벌은 여름철에 짝짓기를 한 후, 암컷은 땅을 파서 그 속에 알을 낳고 다른 곤충들을 사냥하여 넣어 둡니다. 잡아 온 곤충들은 죽지 않고 나나니벌의 독침에 마취된 상태이기 때문에 오랜 기간이 지나도 썩지 않아 나나니벌의 애벌레가 자라는 동안 먹이가 됩니다. 나나니벌은 꿀벌과 같은 종류이

지만, 일반적인 곤충처럼 암컷과 수컷으로 구별되고 짝짓기를 한 후 단독으로 알을 낳는 생활을 합니다. 이런 모습을 봤을 때 사회생활을 하는 꿀벌들이 굉장히 특이한 생활 습관을 가지고 있다는 것을 알 수 있습니다.

꿀벌의 종류와 하는 일에 대해 정리하면 오른쪽 페이지의 표와 같습니다.

| 종류 | 여왕벌 | 수벌 | 일벌 |
| --- | --- | --- | --- |
| 성별 | 암컷 | 수컷 | 암컷(생식 능력 없음) |
| 성충이 되는 데 걸리는 시간 | 알(3일), 애벌레(5.5일), 번데기(7.5일) 총 16일 | 알(3일), 애벌레(6.5일), 번데기(14.5일) 총 24일 | 알(3일), 애벌레(6일), 번데기(12일) 총 21일 |
| 자랄 때의 먹이 | 로열젤리 | 애벌레 시기 중 4일은 로열젤리, 2.5일은 꽃가루와 꿀 | 애벌레 시기 중 3일은 로열젤리, 3일은 꽃가루와 꿀 |
| 수명 | 4~5년 | 2~3개월 | 꿀을 모으는 시기에는 30~50일, 겨울에는 3~5개월 |
| 하는 일 | 알 낳기, 분봉 | 여왕벌과 짝짓기 | 애벌레 돌보기, 벌집 지키기, 청소하기, 꿀과 꽃가루 채집하기, 여왕벌 시중들기 등 |
| 기타 특징 | 다른 벌에 비해 배가 길쭉하고, 큰 침을 가지고 있어 여왕벌끼리 싸울 때 사용한다. 입이 퇴화되어 있다. | 침이 없고, 겹눈이 크다. | 침을 가지고 있어 공격과 방어에 사용한다. |

## 만화로 본문 읽기

어? 벌이 꿀을 모으고 있나 봐.
꽃을 직접 먹으면 그렇게 달지 않은데 벌들이 가져가면 맛있는 꿀이 된다는 게 정말 신기해요.
붕
붕

코도 없는데 어떻게 달콤한 냄새를 찾아내죠?
더듬이의 끝부분 8마디가 냄새를 맡거나 온도를 감지하는 역할을 하지요.
붕
냄새로요? 그럼 눈은 장식인가요?

그렇지 않아요. 사람과는 다르지만 눈으로도 찾아낼 수 있답니다.
이렇게 예쁜 꽃이 있구나가 아니라,
맛있는 꽃이구나 하고 구별하는 거네요. 나도 맛있는 것인지 아닌지 한눈에 보고 구별할 줄 아는데, 히히.
히히

근데 여왕벌 빼고는 다 수컷인가요?
붕
아니요, 일벌도 다 암컷이에요.
엥? 그럼 꿀을 모으러 다니는 저 벌들이 다 여자 벌이라고요?

말도 안 돼! 수벌들은 일 안 해요?
부럽다! 저도 벌이 되고 싶어요!!
헉!
혼인 시기가 지나면 일 못하는 수벌들은 벌집 밖으로 쫓겨나 죽습니다. 그래도 부럽나요?

쫓겨났어도 스스로 꿀을 따 먹으며 살면 되잖아요!
으쓱
수벌은 일을 해 본 적도 없고 입 구조상 불가능하답니다.
휴
고생만 하는 게 나은 걸까, 버림받는 게 나은 걸까? 사람이라서 다행이야.

세 번째 수업 3

# 꿀벌의 한살이

꿀벌의 혼인 비행과 한살이 과정에 대해 알아봅시다.

3

세 번째 수업

# 꿀벌의 한살이

교과연계.

| | |
|---|---|
| 초등 과학 3-1 | 3. 동물의 한살이 |
| 초등 과학 3-2 | 2. 동물의 세계 |
| 초등 과학 5-1 | 1. 환경과 생물 |
| 초등 과학 6-1 | 5. 주변의 생물 |

# 프리슈가 여러 곤충의 사진을 보여 주며 세 번째 수업을 시작했다.

## 완전 변태, 불완전 변태

곤충은 독특한 한살이 과정을 거칩니다. 바로 변태입니다. 변태(變態)라는 단어는 '변할 변, 모양 태'를 쓰는데 뜻풀이를 하면 모양이 변한다는 것입니다. 곤충은 자라면서 모습이 크게 달라지거든요. 이는 다시 완전 변태와 불완전 변태로 나뉩니다. 완전 변태는 '알→애벌레→번데기→성충'의 과정을, 불완전 변태는 '알→애벌레→성충'의 과정을 거치는 것이지요.

불완전 변태를 하는 곤충은 애벌레의 모습과 성충의 모습이 거의 비슷합니다. 자라면서 몸집만 커지죠. 하지만 완전 변태를 하는 곤충은 애벌레와 성충의 모습이 크게 다릅니다. 어느 정도 자란 애벌레는 고치를 만들어 번데기가 되고, 일정 시간이 지나면 고치를 뚫고 나오는데 이를 우화라고 합니다. 번데기에서 나온 성충은 어렸을 때의 모습과는 크게 다르죠.

나비는 대표적인 완전 변태를 하는 곤충인데 보잘것없어 보이는 번데기에서 나오는 나비의 화려한 아름다움을 빗대어, 갑자기 아름다워지거나 관심의 대상이 된 사람을 허물을 벗고 화려하게 탈바꿈한 나비에 비유하기도 하지요.

과학자의 비밀노트

**완전 변태와 불완전 변태**

완전 변태를 하는 곤충은 개미, 초파리, 호랑나비, 반딧불이, 무당벌레, 벼룩이 있고, 불완전 변태를 하는 곤충은 매미, 메뚜기, 잠자리가 있다. 진화 단계 상 원시적인 곤충이 불완전 변태를 하는 것으로 알려져 있다. 다른 동물과 달리 곤충은 자라면서 생김새가 크게 바뀌는 변태를 겪는데, 이런 과정은 급격한 환경 변화에도 큰 영향을 받지 않고, 살아남을 수 있도록 도와주는 구실을 한다.

따라서 변태 과정을 통한 뛰어난 환경 적응력 덕분에 곤충은 지구상에서 가장 번성하게 된 것이다.

## 꿀벌의 짝짓기 방식인 혼인 비행

수많은 꿀벌 중에서 알을 낳을 수 있는 것은 오직 여왕벌뿐이라고 했지요? 여왕벌이 알을 낳기 위해서는 수벌과 짝짓기를 해야 하는데, 꿀벌의 짝짓기는 다른 곤충과 다른 특이한 점이 있답니다. 바로 혼인 비행이지요.

혼인 비행은 하늘에서 일어나는 여왕벌과 수벌의 짝짓기 방식을 말해요. 여왕벌은 부화한 지 5~7일 정도 되면 혼인

비행을 위해 벌집을 떠납니다. 아무 때나 나가는 것이 아니라 좋은 날을 골라 나가지요. 사람들이 좋은 날을 골라 결혼식 날짜를 잡는 것과 마찬가지에요.

그러면 좋은 날이란 어떤 날을 말할까요? 온도는 18~20℃ 가량이며 구름이 거의 없고 바람도 불지 않는 날이랍니다. 만일 날씨가 계속 좋지 않을 경우(비가 내리거나 바람이 심할 경우 등) 최대 한 달 정도까지도 혼인 비행을 연기한다고 해요.

혼인 비행이 시작되면 여왕벌은 수십 마리의 일벌들과 함께 하늘로 날아올라요. 아직까지 그 일벌들이 어떤 역할을 하는지 알려지지는 않았지만 길을 안내하고, 위험한 환경에 처한 여왕벌을 보호하는 등 여러 가지 일을 돌봐 주는 것으로 생각합니다. 벌집 안의 수벌들, 그리고 근처 다른 벌집의 수벌들은 무리를 지어 여왕벌이 혼인 비행을 하기 며칠 전부터 특정 장소를 날아다녀요. 수벌들이 모이는 장소는 대략 다음과 같은 특징을 가지고 있어요.

땅 위에서 10~40m 정도 높은 곳에 지름 30~200m의 원을 그리는 모습으로 모이는데, 보통 자기가 살던 곳에서 5~7km 정도 떨어진 곳에서부터 날아온다고 해요. 이곳에 모이는 수벌 수는 보통 수백에서 수천 마리인데 더 많을 경우에는 25,000마리 정도가 날아오기도 합니다. 이 수벌들은 우화 후 10~12일 정도 지난 성숙한 벌입니다.

하늘로 날아오른 여왕벌은 수벌을 유혹하는 향기 물질인 페로몬을 공기 중에 뿌려요. 이것은 수벌에게 마약과도 같은 효과를 발휘해 모든 수벌들은 이 냄새를 맡고 여왕벌 주위로 몰려들지요. 향기 물질에 이끌려 여왕벌 근처에 도착한 수벌은 자신의 큰 눈을 이용해 여왕벌이 있는 곳을 정확히 찾아 날아간답니다. 참고로 여왕벌의 몸에서 나오는 향기 물질은 벌집 안에 사는 일벌들의 생식 기능을 막는 역할을 해요. 암컷인 일벌의 몸에서 알이 만들어지지 않게 하는 것이지요.

__ 그런데 벌집 안에서 여왕벌과 수벌 사이에 짝짓기가 일어나는 일은 없나요?

한 학생이 손을 들고 질문했다.

아주 좋은 질문이에요. 벌집 안에서는 여왕벌과 수벌이 아무리 같이 지내도 서로에게 관심이 없답니다. 수벌은 여왕벌의 향기 물질에 이끌려 짝짓기를 하는 것이기 때문에, 페로몬을 내뿜지 않는 평소에는 아무런 반응을 보이지 않지요.

사실 여기에는 아주 중요한 이유가 숨겨져 있답니다. 한 벌집 안에 사는 벌들은 거의 친척 관계예요. 하나의 여왕벌이 낳은 알에서 나온 무리이기 때문이죠. 따라서 친척 간의 짝짓기를 막기 위한 꿀벌의 전략이에요. 사람도 나라마다 조금씩 다르기는 하지만 대부분의 나라에서는 친척끼리의 결혼을 금지하고 있어요. 왜 그럴까요?

__ 친척끼리 결혼하는 건 이상한 일이잖아요.

__ 친척들 간의 결혼은 나쁜 유전병 같은 것이 자식에게 물려질 수 있다고 들은 것 같아요.

그래요. 고대 이집트나 신라, 고려 시대 때만 해도 왕족의 결혼은 남매, 삼촌과 조카 등 아주 가까운 촌수끼리 하는 경우가 많았어요. 이때는 고귀한 혈통을 보존한다는 의미로 근친결혼이 많았지만, 이럴 경우 치명적인 유전병도 자손에게 물려줄 가능성이 높아지지요. 이러한 생물학적인 이유와 사회적인 금기 때문에 근친결혼이 금지되었는데, 이는 꿀벌 무리에서도 마찬가지예요. 혼인 비행을 할 때 근처 다른 지역의 수벌들도 몰려온다고 했었죠? 이렇게 다양한 유전자를 지닌 수벌들과의 짝짓기를 통해 좀 더 건강하고 우수한 자손을 남길 수 있답니다.

다시 혼인 비행 이야기로 돌아가죠. 혼인 비행은 보통 몇 분에서 길게는 1시간 정도 걸립니다. 하지만 실제로 짝짓기를 하는 데에는 5초 정도밖에 걸리지 않는다고 해요. 여왕벌은 대개 여러 마리의 수벌들과 짝짓기를 하지요. 그래서 다양한 유전자를 지닌 자손을 낳을 수 있는 것이에요. 수백, 수천의 경쟁률을 뚫고 여왕벌과의 짝짓기에 성공한 수벌들은 참 운이 좋아 보이지요? 하지만 결말은 비극이지요. 짝짓기가 끝난 수벌은 배가 '펑' 터지면서 죽거든요. 결혼하자마자 죽는 불쌍한 신세지요. 이는 여왕벌의 배 끝에 수벌의 생식기가 붙어 있다가 여왕벌과 수벌이 떨어지면 수벌의 배에 구멍이 뚫리기 때문이지요. 하지만 짝짓기를 하지 못한 수벌의 운명도 그리 좋은 것은 아니에요. 짝짓기가 끝나면 밥만 축

내는 애물단지 신세가 된 수벌은 모두 벌집 밖으로 쫓겨나거든요. 스스로 먹이를 구할 능력이 없는 수벌들은 굶어죽거나 천적의 공격을 받아 죽습니다.

## 여왕벌, 수벌, 일벌이 될 운명

혼인 비행을 마친 여왕벌은 일벌들과 함께 다시 벌집으로 돌아옵니다. 이때 여왕벌의 몸속에는 수벌들의 정자가 보관되어 있겠죠? 최대 600만 개의 정자가 신선하게 보관되어 있어, 죽을 때까지 충분한 양의 알을 낳을 수 있다고 합니다. 1년에 최대 20만 개가량을 낳죠.

여왕벌은 짝짓기 후 2~3일이 지나면 알을 낳을 방들을 점검합니다. 크기는 적당한지, 튼튼하게 만들어졌는지, 세균이나 곰팡이에 감염되지 않고 깨끗한지 등을 점검하여 이상이 없다고 판단된 후에야 알을 낳기 시작합니다. 여왕벌은 방에 배 끝을 집어넣고 알을 낳는데, 이때 일벌들은 여왕벌을 둘러싸고 몸에서 만들어 낸 로열젤리를 먹여 줍니다. 마치 사람들이 산모에게 젖이 잘 나오라고 미역국을 주는 것처럼 말

이에요. 이것은 하루에 1,500~2,000개의 알을 낳는 여왕벌의 건강을 유지하기 위해서입니다.

그런데 특이한 것은 일벌과 수벌로 태어날 알의 종류가 다르다는 점입니다. 일벌은 수정란(수벌과의 짝짓기를 통해 정자와 난자가 만나 만들어진 알)에서, 수벌은 미수정란(수벌의 정자를 받지 않은 알)에서 태어나요. 여왕벌은 앞다리로 방의 크기를 구별해 큰 방에 미수정란을 낳습니다. 앞에서 수벌이 일벌보다 몸집이 크다고 했지요? 그래서 수벌이 될 알이 들어갈 방은 일벌이 될 알이 들어갈 방보다 크답니다. 수벌이 될 알과 일벌이 될 알의 비율은 여왕벌이 환경이나 계절에 따라 조절하는 것으로 생각되고요.

그렇다면 여왕벌이 될 알은 일벌이 될 알이나 수벌이 될 알과 어떤 점이 다를까요? 여왕벌이 될 알이라고 해서 다른 종류의 알보다 특별한 것은 아닙니다. 일벌이 될 알과 같은 종류의 수정란이지만, 알에서 깨어난 후 애벌레 시기의 먹이에 따라 결정되지요. 또 하나 다른 점은 여왕벌이 될 알은 왕대라고 불리는 큰 방에 낳는다는 것입니다. 즉, 왕대에서 태어나 자랄 때까지 로열젤리만 먹은 애벌레는 여왕벌이 되지만 일반 방에서 태어나 처음 3일만 로열젤리를 먹고 그 후 꿀과 꽃가루가 섞인 일반 먹이를 먹은 애벌레는 일벌이 되는 것이지요. 아무래도 유모 일벌들은 여왕벌 애벌레를 키우는 데 더 정성을 기울입니다. 일벌 애벌레보다 10배 이상 자주 방문해 세심하게 돌보지요.

먹이를 주는 유모 일벌들이 여왕벌과 일벌이 될 애벌레를 구별하는 것은 왕대를 보고 알 수 있는 것이랍니다. 왕대는 벌집의 가장자리에 아래로 향하게 하여 매다는 것처럼 짓습니다. 왕대에 낳은 알은 16일이 지나면 다 자라 벽을 뚫고 나옵니다. 이것이 바로 여왕벌입니다. 다 자라는 데 24일이 걸리는 수벌이나 21일이 걸리는 일벌에 비해 매우 빨리 태어나는 편이랍니다. 이는 빨리 알을 낳아 자손을 번식하는 데 유리하기 때문입니다. 새 여왕벌은 부화하면 곧바로 꿀을 먹은 다음 일벌의 무리 속으로 들어갑니다. 그리고 이따금 날개 소리를 내서 자신의 존재를 알립니다. 일벌들은 이 소리를 듣고 새 여왕벌의 탄생을 알게 된답니다.

그런데 만일 한 벌집 안에 동시에 2마리의 여왕벌이 탄생하면 어떻게 될까요? 어느 한쪽이 죽을 때까지 격렬하게 싸운답니다. 배 끝의 독침을 이용해서요. 이런 일을 막기 위해 일벌들은 여왕벌이 태어나는 시기를 조절하거나, 여왕벌끼리 만나지 못하도록 막습니다.

그렇다면 새로운 여왕벌은 어떤 시기에 태어날까요?

__ 여왕벌이 늙었을 때요.

__ 여왕벌이 다치거나 죽었을 때 아닐까요?

네, 맞았어요. 여왕벌이 태어날 시기를 결정하는 것은 여왕벌을 모시는 시녀 일벌들이랍니다. 그들이 보기에 여왕벌이 나이를 먹어 더 이상 알을 낳지 못하거나 다리, 날개 등이 떨어지는 등 몸에 이상이 생겼을 때, 새 여왕벌 후보를 만들기 위해 왕대를 짓지요.

그런데 만일 갑작스러운 사고가 일어나 여왕벌이 죽었을 때에는 어떻게 될까요? 꿀벌 무리의 위기 상황이지요. 이때는 태어난 지 3일 정도 된 애벌레에게 로열젤리를 먹여 여왕벌이 되도록 합니다. 이 애벌레의 방은 급하게 왕대로 개조되어 일벌들의 각별한 보살핌을 받고 새로운 여왕벌로 탄생하지요.

## 애벌레가 성충이 되기까지

이제 알에서 깨어난 애벌레가 성충이 되기까지의 과정을 알아볼까요?

프리슈가 사진 한 장을 꺼내며 이야기를 시작했다.

알을 낳은 지 3일이 지나면 애벌레가 태어납니다. 유모 일

벌은 갓 태어난 애벌레에게 자신의 몸에서 만들어진 로열젤리를 먹이지요. 로열젤리는 꿀벌의 머리 부분에서 만들어지는 물질로 사람의 모유라고 생각하면 이해가 쉬울 거예요. 부화한 지 5~15일 정도 되는 젊은 일벌의 몸에서만 나오지요. 애벌레 시기는 크게 다섯 단계로 나뉘며 일벌, 수벌, 여왕벌 모두 같은 단계를 거치지만, 애벌레로 보내는 시간이 다릅니다. 여왕벌의 애벌레 시기가 가장 짧고 일벌, 수벌 순입니다.

갓 태어난 애벌레는 하루에 보통 1,300번이나 먹이를 먹습니다. 따라서 유모 일벌들은 애벌레 방 옆에서 끊임없이 먹이를 주며 보살핍니다. 애벌레의 먹성이 얼마나 대단한가 하면 하루에 2배 크기로 자라 6일 후에는 방에 몸이 꽉 찰 정도이며, 단 5일 만에 몸무게가 1,000배로 증가한답니다. 3kg으로 태어난 신생아가 5일이 지나 3,000kg, 즉 3톤이 된다고 생각해 보세요. 얼마나 엄청난 속도로 자라는지 상상이 가지요?

이렇게 태어난 후 3일간은 유모 일벌의 몸에서 나오는 로열젤리를 먹습니다. 애벌레 방에 차 있는 투명한 물 같은 것이 바로 로열젤리랍니다. 한 마리의 꿀벌 애벌레가 먹는 로열젤리의 양은 총 25mg으로 한 마리에게 소비되는 양은 적은 편이지만, 전체로 따지면 엄청난 양이 필요한 셈이지요. 하지만 일벌과 수벌이 될 애벌레는 차츰 꽃가루와 꿀을 먹이로 먹습니다. 부화한 지 10일째 되는 날에 애벌레는 몸을 실로 감싸 고치 안에 들어갑니다. 바로 번데기 상태가 되는 것이지요. 이때 유모 일벌들은 번데기 방에 밀랍으로 된 튼튼한 뚜껑을 덮어 줍니다. 이 뚜껑은 튼튼해 보이지만 통풍이 잘되서 번데기가 지내는 데 아주 아늑한 환경을 제공해 준답니다.

번데기가 된 지 12일 후, 꿀벌은 다 자라서 방 뚜껑을 열고 밖으로 나옵니다. 이때 밖에서는 일벌들이 뚜껑을 잘 열 수 있도록 도와주지요. 번데기에서 우화한 일벌들은 8~10일 정도 몸속 기관들이 더 성숙해질 때까지 많은 양의 단백질을 필요로 합니다. 그래서 이 시기에 많은 양의 꽃가루를 먹어 치우지요. 단백질이 충분히 공급되어야 벌집을 지을 때 필요한 밀랍과 입에서 분비되는 로열젤리가 잘 만들어지거든요. 이렇게 열심히 꽃가루를 먹은 어린 일벌들은 유모 일벌이 되어 자신들이 보살핌을 받았던 것처럼 갓 태어난 애벌레들을 열심히 돌봅니다. 이후 시간이 지나면서 여러 가지 일을 담당하게 되지요.

__ 아, 그렇군요.

## 분봉

자, 그러면 한 벌집 안에 있는 꿀벌의 수에 대해 생각해 볼까요? 한 꿀벌 무리를 약 5만 마리라고 했을 때, 매일 500마리 정도의 꿀벌이 죽습니다. 약 1%씩 꿀벌이 바뀌는 셈이지요. 하지만 매일매일 태어나는 꿀벌이 많기 때문에 벌집에 사는 꿀벌은 점점 늘어납니다.

좁은 벌집 안에 벌이 많아지면 기존의 여왕벌은 새 여왕벌이 태어나기 전에 한 무리의 일벌들을 데리고 새집을 찾아 떠납니다. 새로 태어나는 여왕벌을 위해 어미가 꿀과 꽃가루, 애벌레가 가득한 집, 거기에 일벌들을 유산으로 물려주는 것이지요. 이것을 분봉이라고 합니다. 분봉은 봄철 번식기에

많이 일어나지만 대개 9월까지 일어납니다. 정든 집을 떠나기 전에 일벌들은 10일치 정도의 식량을 챙깁니다. 이 식량은 새로 살 곳을 찾을 때까지 먹을 분량이지요. 기존 벌집에 남아 있는 일벌은 아주 어린 일벌이거나 나이가 많은 일벌입니다. 먼 길을 떠나기에 적당하지 않은 벌은 새 여왕벌을 모시며 기존의 벌집에 남아 있는 것이지요.

분봉이 시작되면 많은 수의 일벌이 하늘로 날아오릅니다. 벌집 근처에서 이상한 울음소리를 내며 떼지어 날아다니다가 근처 나뭇가지 등에 모여 둥근 원 모양을 이루지요. 이 안에는 여왕벌이 안전하게 보호받고 있습니다. 이 무리는 근처 나무 구멍이나 동굴, 처마 밑 등 어두운 곳으로 이동해 새로운 벌집을 만듭니다. 이때 좋은 집터를 찾으면 무사히 벌집을 만들 수 있지만, 그렇지 못할 경우 떼죽음을 당하기도 한답니다. 또 악천후를 만나서 죽을 수 있습니다. 대개 분봉한 꿀벌의 무리가 작을수록 죽을 위험이 더 커진다고 합니다. 하지만 남아 있는 벌집의 꿀벌 무리도 질병, 악천후, 천적 같은 여러 가지 위험한 상황을 만날 수 있기 때문에 생존의 위협을 받는 것은 마찬가지지요.

오늘은 꿀벌의 한살이에 대해 알아봤습니다. 지금까지 배

운 내용을 정리해 볼까요?

- 꿀벌은 알 → 애벌레 → 번데기 → 성충의 완전 변태 과정을 거친다.
- 여왕벌은 수벌과의 혼인 비행을 통해 짝짓기를 한다.
- 꿀벌은 애벌레 시기의 먹이에 따라 운명이 결정된다.
- 꿀벌 무리가 늘어나면 기존의 여왕벌은 약간의 무리를 데리고 새 집을 찾아 나서는데, 이를 분봉이라고 한다.

만화로 본문 읽기

붕
붕
와, 벌집이다! 달콤한 꿀이 가득 들어 있겠는걸!

너는 먹는 생각만 하니? 꿀벌들이 얼마나 열심히 일해서 만든 집인데.
그렇죠, 선생님?
두 사람의 말이 모두 맞아요.

붕
붕
붕
으악! 어, 꿀벌들이 잔뜩 날아와요. 으으, 벌에 쏘일지도 몰라!
가만, 저건 꿀벌들의 혼인 비행이에요.
혼인 비행이요?

여왕벌이 페로몬을 뿌리면 그 향기에 취한 수벌들이 모여들어 짝짓기를 하는 비행이에요.
몇 분에서 1시간이 걸리기도 하지요.
그럼 혼인 비행이 끝난 후에는 함께 꿀을 먹으며 잔치를 하나요?

아니에요. 짝짓기가 끝난 수벌들은 죽고, 여왕벌은 최대 600만 개의 정자를 보관하고 벌집으로 돌아와 죽을 때까지 알을 낳습니다.
와아~
와, 사람으로 치면 평생 아이를 낳는 셈이네요.

그런데 왜 어떤 벌은 여왕벌이 되고, 어떤 벌은 일벌이 되는 거예요?
애벌레가 된 후 로열젤리만 먹으면 여왕벌이, 꿀과 꽃가루를 먹으면 수벌이나 일벌이 되는 거예요.
아~
아, 그렇게 깊은 뜻이!

네 번째 수업 4

# 꿀벌이 살아가는 곳 – 벌집

벌집의 재료와 만드는 방법,
벌집의 내부 구조에 대해 알아봅시다.

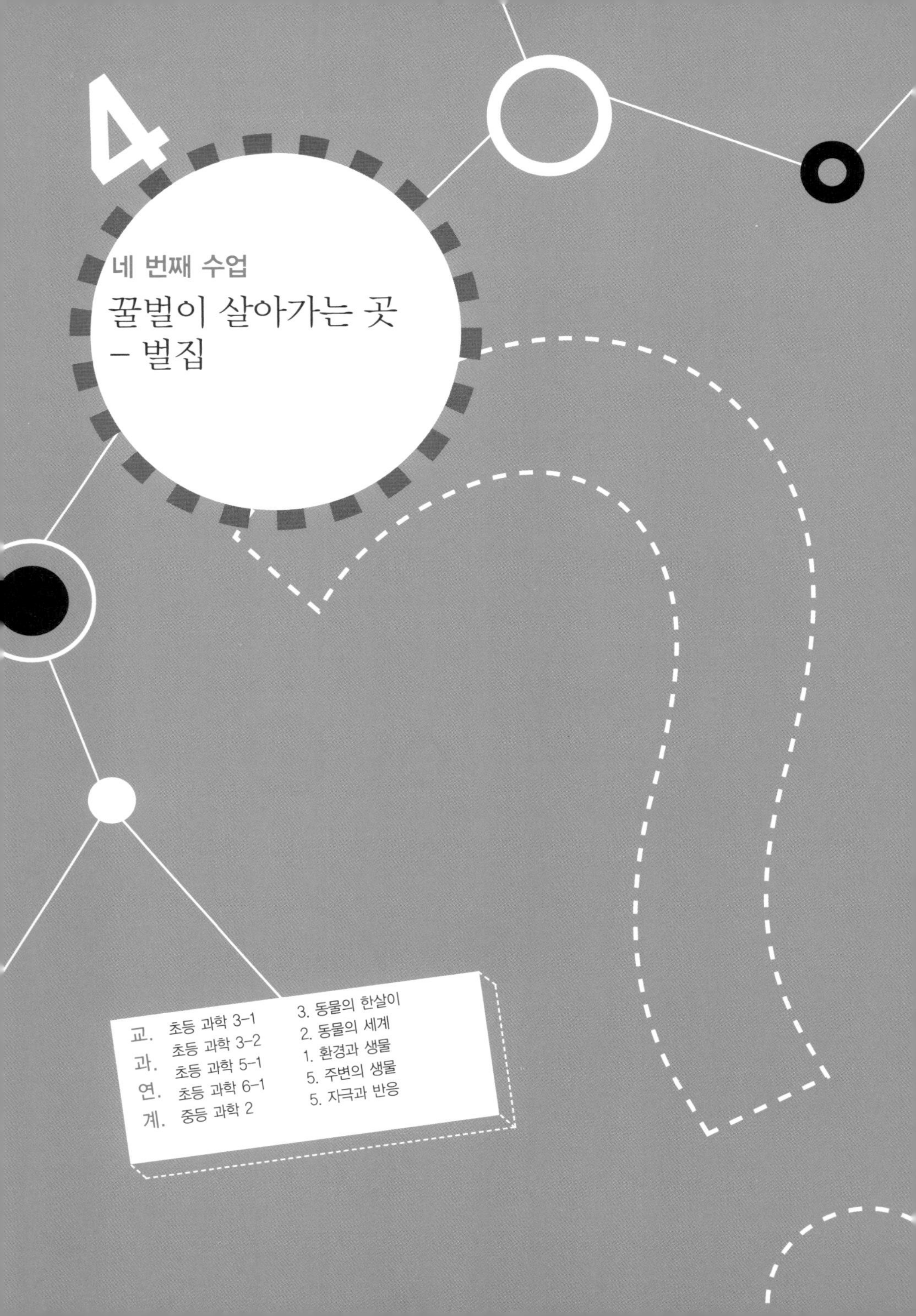

4

네 번째 수업

# 꿀벌이 살아가는 곳 – 벌집

| 교과연계. | | |
|---|---|---|
| | 초등 과학 3–1 | 3. 동물의 한살이 |
| | 초등 과학 3–2 | 2. 동물의 세계 |
| | 초등 과학 5–1 | 1. 환경과 생물 |
| | 초등 과학 6–1 | 5. 주변의 생물 |
| | 중등 과학 2 | 5. 자극과 반응 |

프리슈가 벌들의 새 보금자리를
찾아보자며 네 번째 수업을 시작했다.

## 벌들의 새 보금자리 찾기

여왕벌과 함께 떠난 꿀벌 무리가 가장 먼저 해야 할 일은 안락하고 편안한 새로운 벌집을 짓는 것입니다. 정들었던 벌집을 떠나면서 비상식량을 챙겼지만, 식량이 다 떨어지기 전에 안전한 보금자리를 찾아야만 하지요. 이때 경험 많은 200~300마리의 정찰 일벌들이 선발대로 나섭니다. 이 벌들은 주변을 돌아다니며 새 보금자리를 지을 만한 후보 장소를 찾습니다.

그렇다면 새 보금자리 후보지로 알맞은 조건은 무엇일까요?

일단 충분한 크기의 구멍이어야 하며, 예전에 살던 곳으로부터 너무 가깝지도, 멀지도 않은 곳이어야 합니다. 또 지면에서 적당한 높이에 있고, 입구가 드나들기에 알맞은 크기여야 하지요. 너무 좁으면 날아다니는 데 방해가 되고, 너무 넓으면 더위나 추위, 적들을 막기에 어려움이 있으니까요. 또한 건조하고 햇빛을 충분히 받을 수 있는 위치여야 합니다. 어둡고 습할 경우 곰팡이나 세균이 잘 생기기 때문에 위생상

문제가 생기는 거죠.

일단 괜찮아 보이는 후보지를 발견한 정찰 일벌은 주변을 날아다니며 구멍 속까지 꼼꼼하게 점검합니다. 최종적으로 검사에 합격하면, 정찰 일벌은 무리로 돌아와 동료들에게 자신이 발견한 보금자리를 알립니다.

이렇게 여러 후보지들 중에서 한 곳이 결정되면, 꿀벌 무리 중 일부가 선발대로 앞장서서 날아갑니다. 선발대는 새 구멍 주위를 돌면서 페로몬이라는 향기 물질을 분비하여 새 보금자리의 위치를 다른 꿀벌들에게 알려 줍니다. 그러면 나머지 꿀벌 무리는 2~3m 지름의 공 모양으로 똘똘 뭉쳐서 새 보금자리로 이사를 하지요.

이사를 온 순간부터 일벌들은 뛰어난 건축가가 됩니다. 집을 짓기 위해서는 건축 설계도와 집을 지을 재료, 인부들이 필요한데 꿀벌은 이 모든 일을 스스로 해낸답니다.

대부분의 동물들은 집을 지을 재료를 자연에서 얻습니다. 나뭇가지나 흙, 나뭇잎 등을 말이죠. 물론 어떤 동물들은 자신의 깃털이나 털 등을 뽑아 집을 짓기도 합니다. 하지만 꿀벌은 몸에서 직접 밀랍을 만들어 집을 짓는 데 사용합니다. 꿀벌의 배는 7개의 마디로 나뉘는데 그중 4개에 밀랍이 분비되는 샘이 있습니다. 갓 태어난 일벌은 아직 밀랍을 만들 준

비가 되어 있지 않아 고단백 영양식을 먹으며 밀랍을 만들어 낼 준비를 합니다. 태어난 지 12~18일이 지났을 때, 몸에서 가장 많은 양의 밀랍이 만들어지며 그 이후에는 점차 줄어듭니다.

하지만 반드시 그런 것만은 아닙니다. 만일 어린 일벌을 빼고 나이 든 일벌로만 꿀벌 무리를 만들면, 나이 든 일벌의 몸에서도 많은 밀랍이 만들어진답니다. 이렇게 환경에 따라 적응하는 점이 꿀벌 무리가 위험한 환경에서 잘 살아남을 수 있는 이유이지요. 아무튼 일벌의 배에서는 한 번에 8개의 하얀 밀랍 조각이 만들어집니다. 일벌은 이 밀랍 조각을 입 쪽으로 가져가 잘 씹어 침과 섞어 반죽합니다. 딱딱했던 밀랍이

침과 섞이면서 부드럽고 말랑말랑해지면 이것으로 벌집을 짓는 것이지요. 1,200g의 밀랍으로 약 10만 개의 방을 만들 수 있는데, 이만큼의 밀랍을 만들어 내기 위해서는 7.5kg의 꿀이 필요합니다. 하지만 처음 이사를 왔을 때에는 며칠 동안 먹을 비상식량밖에 없기 때문에 조그맣게 지은 다음, 살면서 점차 크기를 늘려나가지요.

혹시 어렸을 적에 블록으로 집짓기 놀이를 해본 적 있나요? 그때 여러분은 어떤 방식으로 집을 지었나요? 아마 한쪽에서부터 차례대로 블록을 쌓았을 것입니다. 방을 만든 다음에 지붕을 올리고, 집 주위에 경계가 되는 벽을 두르는 것처럼 말이지요. 만일 좀 더 큰 집을 짓는다면 어떨까요? 이때는 설계도가 필요합니다. 건축가들은 이 설계도를 보면서 집을 짓습니다. 이때도 바닥을 먼저 튼튼하고 평평하게 만든 다

음, 벽을 만들고 지붕을 올리지요. 하지만 꿀벌들에게는 설계도도 없고, 집을 짓는 순서도 제멋대로입니다.

꿀벌은 벌집의 윗부분부터 짓는데, 먼저 아무것도 없는 빈 지붕에 밀랍 덩어리를 붙입니다. 벌집을 짓는 일벌들은 매우 많은데 서로 의논하지 않고 아무렇게나 붙이는 것처럼 보입니다. 다른 벌들은 먼저 붙여 놓은 밀랍에 계속 연결해 붙이지요. 이런 일이 구멍 안의 여기저기서 일어납니다. 처음에는 저렇게 대충 짓다가 어떻게 벌집을 완성할지 걱정되지만, 신기하게도 딱 맞는 벌집이 완성된답니다.

## 정육각형 모양의 벌집

그런데 벌집을 자세히 관찰하면, 정확한 정육각형 모양이라는 것을 알 수 있어요. 또 방의 길이는 1cm가량, 방과 방 사이의 두께는 정확하게 0.07mm, 벽 사이의 각도는 모두 120°입니다. 또 벌집의 외벽은 놀랄 정도로 얇고 매끄럽습니다. 꿀벌들은 어떻게 아무런 도구도 없이 이렇게 정밀하게 집을 지을 수 있을까요? 일벌들의 건축 도구는 바로 더듬이입니다. 일벌들은 더듬이를 사용해서 벽의 두께와 거리 등을 감지해요. 더듬이가 정교한 자와 같은 셈이지요.

그렇다면 꿀벌들은 왜 이렇게 정확한 정육각형 모양의 방을 만드는 것일까요? 이것은 옛날 과학자나 수학자들의 눈에도 신기하게 보였나 봅니다. 케플러(Johannes Kepler, 1571~1630), 갈릴레이(Galileo Galilei, 1564~1642) 같은 유명한 과학자도, 파포스(Pappos, 290~350) 같은 유명한 수학자도 벌집의 신비에 관심이 많았답니다. 이들은 관찰과 수학 계산을 통해 벌집의 정육각형 모양이 다른 형태보다 어떤 장점이 있는지 알아냈습니다.

수학적으로 둘레가 일정할 때 넓이가 최대인 도형은 원입니다. 그러나 원으로는 여러 개를 이어 붙여도 틈새가 생기기 때문에 효율적이지 못합니다. 밀랍도 많이 들고, 방도 많이 만들지 못하는 것이지요. 그렇다면 정삼각형, 정사각형, 정육각형 같은 모양은 어떨까요? 모두 여러 개가 모였을 때 빈 공간이 없는 완벽한 모양이 되지요. 하지만 정삼각형은 같은 크기의 공간을 만드는 데 정육각형에 비해 재료가 많이 들고, 정사각형은 정육각형에 비해 구조가 튼튼하지 못합니다. 따라서 최소의 재료로 튼튼한 최적의 공간을 만들려면 정육각형 모양이 가장 적합하다고 할 수 있습니다. 꿀벌이 만드는 정육각형 모양의 방은 그 넓이와 그것을 만드는 재료

를 놓고 볼 때, 가장 합리적이며 경제적인 구조라고 볼 수 있는 셈이지요.

또한 연속되어 있는 정육각형 모양은 외부 힘을 전체에 고르게 분산하며 빈 공간을 활용하는 탄력성으로 외부 압력을 견뎌 내기 때문에 충격을 가장 잘 흡수할 수 있다고 합니다. 벌집 구조의 튼튼함을 알아보기 위해 텔레비전의 한 프로그

램에서 실험을 한 적도 있습니다. 종이로 벌집 구조 다리를 만들어 트럭이 지나가도록 했는데, 이 다리는 약간의 찌그러짐이 있었을 뿐 트럭이 지나간 뒤에도 끄떡없었다고 합니다.

그래서 사람들은 꿀벌의 지혜를 빌려 우리 생활에 응용하고 있답니다. 벌집 구조는 포장에 사용되는 골판지, 고속 열차 앞부분의 충격 흡수 장치, 벽걸이 텔레비전에 사용되는 액정 화면에 이르기까지 다양한 분야에 응용되고 있습니다. 또, 휴대 전화의 기지국을 설계할 때도 지역을 육각형 구조로 나눕니다. 이것은 육각형 구조가 가장 적은 비용으로 많은 지역에 서비스할 수 있는 구조이기 때문입니다. 또한 제트기 및 인공위성의 벽에도 벌집 모양이 응용되어 사용된다고 하네요.

벌집의 또 한 가지 놀라운 점은 수직으로 평행하게 지어져 있다는 것입니다. 벌들은 어떻게 방향과 각도를 정확하게 알 수 있는 것일까요?

__ 눈으로 보고 알 수 있지 않을까요?

꿀벌의 눈이 나쁜 편은 아니지만, 벌집을 짓는 곳은 빛이 잘 들지 않는 동굴이나 나무 구멍이에요. 그러니 눈으로 보는 데에는 한계가 있겠죠? 과학자들의 연구 결과에 의하면 꿀벌의 몸에 나 있는 털이 중력을 감지할 수 있다고 합니다.

중력을 감지하여 위아래를 구별할 수 있는 것이지요. 또 벌집과 벌집 사이의 간격은 벌 2마리가 등을 맞대고 지나갈 수 있을 정도로 떨어져 짓는다고 해요. 돌아다니는 데 불편함이 없을 정도의 너비로 신선한 공기가 잘 통할 수 있게 하고, 벌집 안의 따뜻한 온도도 유지할 수 있도록 말이죠. 이렇게 과학적인 방법으로 집을 짓는 데에는 지구 자기장을 감지할 수 있는 꿀벌의 능력도 한몫을 한다고 합니다. 하지만 꿀벌이 어떻게 지구 자기장을 감지하는지는 아직 밝혀지지 않았어요. 여러분 중에서 이 비밀을 밝혀낼 과학자가 나왔으면 좋겠네요.

## 벌집의 내부 구조

자, 지금부터 벌집 안을 자세히 살펴볼까요? 나무 구멍 안의 벌집을 직접 들여다보기는 힘드니 벌 1마리에 작은 소형 카메라를 달아서 따라가 보기로 해요.

프리슈가 몸에 소형 카메라를 단 꿀벌 1마리를 날려 보내며, 컴퓨터로 전송되는 화면을 보고 말하기 시작했다.

벌집의 가운데 부분에는 하얀 애벌레가 가득 찬 애벌레 방이 있습니다. 여러분은 소중하거나 비싼 물건을 방의 가장 안쪽, 남들에게 잘 보이지 않는 곳에 보관하지요? 꿀벌들에게는 장차 훌륭한 일꾼이 될 애벌레들이 가장 소중하답니다. 그래서 알을 낳는 방이 벌집의 한가운데에 있습니다. 적으로부터 보호하기 위해서이지요.

그런데 일벌들은 상황에 따라 벌집의 방을 2가지 방식으로 짓습니다. 짝짓기 시기에는 벌집의 가장자리에 수벌이 될 알을 낳을 방을 새로 만듭니다. 기존의 방보다 약간 크게(약 6.2~6.4mm), 전체 방의 10% 정도가 되도록 짓지요. 하지만

번식기가 아닐 때에는 굳이 도움이 안 되는 수벌을 낳을 필요가 없습니다. 이때에는 지름이 5.2~5.4mm 정도인 일벌 방만 만든답니다. 필요에 따라 효율적으로 집의 구조를 바꾸는 거죠.

애벌레 방 주위는 꽃가루가 채워진 방이 둘러싸고 있어요. 꽃가루는 애벌레들의 먹이가 되기 때문에 애벌레 방 가까이에 있답니다. 모아 온 꽃가루는 꼭꼭 눌러 담아 많은 양을 보관할 수 있도록 하고, 바닥으로 떨어지지 않도록 한답니다.

그 밖의 방에는 일벌들이 꽃에서 모아 온 꿀이 채워집니다. 꽃에서 얻어 온 꿀은 처음에는 아주 묽지만 벌들의 날갯짓으로 온도를 높여 꿀의 수분을 증발시킵니다. 이런 방법으로 더욱 진하고 단 꿀이 되는 것이지요. 꿀은 벌집 무게의 30배 가까이를 저장할 수 있어서 한 벌집에서 최대 300kg까지 만들어 낼 수 있다고 합니다. 꿀을 저장하는 방들은 위로 9~14° 정도 치켜 올려져 있어서 꿀이 바깥으로 흐르지 않습니다. 그리고 꿀이 가득 찬 방은 꿀벌들이 밀랍 뚜껑으로 닫아 놓지요. 또한 벌집 안의 꿀은 오랜 시간이 지나도 상하지 않는데, 일벌들이 모아온 꿀에는 일벌의 침이 들어 있기 때문입니다. 이 침에는 미생물의 번식을 막는 물질들이 들어 있어서 오랫동안 보관해도 상하지 않습니다.

## 프로폴리스

독감이나 감기가 유행하면 사람들이 많이 모여 있는 좁은 공간에는 가지 말라고 하지요? 얼마 전 신종 플루가 유행했을 때에는 임시 방학을 하기도 하고, 밖에 나갔다가 들어오면 꼭 손을 씻으라고 했습니다. 그 이유는 사람들이 많이 모이는 장소에서는 바이러스나 세균이 금방 퍼지기 때문입니다. 마찬가지로 꿀벌들은 좁은 벌집 안에 모여 살기 때문에 전염병에 약합니다.

그렇다면 꿀벌들은 어떻게 건강을 유지할까요? 그들은 질병을 예방하기 위해 위생적인 재료로 벌집을 짓습니다. 프로폴리스라는 단어를 들어본 적이 있나요? 프로폴리스는 벌들이 식물에게서 모으는 벌집 재료 성분 중 하나입니다. 프로폴리스(propolis)라는 단어는 그리스 어에서 유래한 것으로 프로(pro)는 '앞(예방)' 이라는 뜻을, 폴리스(polis)는 '도시' 라는 뜻을 가지고 있습니다. 벌들이 사는 도시, 즉 벌집의 안전을 예방해 준다는 뜻이지요. 이 프로폴리스는 항박테리아 및 항균 작용을 하여 미생물이 번식하는 것을 막아 줍니다. 또 일벌들은 프로폴리스를 이용하여 벌통의 틈새를 메움으로써 빗물이 스며드는 것을 방지하고, 벌집의 수리 · 보수, 입구의

바람막이, 벌통에 침입한 침략자들 잔해의 부패 방지를 위해 밀봉합니다.

저기 벌집 안에 죽은 쥐가 보이죠? 저 쥐는 꿀을 노리고 들어왔다가 벌들의 공격을 받아 죽었답니다. 하지만 쥐 같은 동물은 몸집이 너무 크기 때문에 벌들이 옮길 수 없습니다. 그래서 벌들은 죽은 쥐의 몸에 프로폴리스를 입힌 것입니다. 마치 이집트 인들이 미라를 만드는 것처럼 프로폴리스 붕대로 똘똘 감아서 시체가 썩지 않도록 하는 것이지요. 시체가 썩을 경우 여러 가지 안 좋은 세균이나 바이러스 같은 것들이 나올 수 있으니까요.

프로폴리스의 가장 중요한 쓰임새 중 하나는 소독으로, 여왕벌이 알을 낳기 전에 일벌들이 애벌레 방을 소독하는 데 사용합니다.

## 난로 역할을 하는 벌

이때 컴퓨터 화면으로 애벌레 방 근처의 빈방에 들어가 있는 몇몇 벌들의 모습이 보였다.

자, 여기 빈방에 들어가 있는 일벌들이 보이네요. 이 벌들은 지금 무엇을 하고 있을까요?

__ 일이 힘들어서 자고 있는 것 같아요.

__ 게으름을 피우며 놀고 있는 것 같아요.

__ 애벌레들에게 자장가를 들려주고 있는 것이 아닐까요?



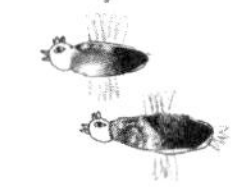

재미있는 생각이 많군요. 하지만 정답은 바로 애벌레와 번데기에게 따뜻한 열을 보내 주기 위한 난로 역할을 하고 있는 것이랍니다. 애벌레와 번데기는 따뜻한 온도가 유지되어야 잘 자라거든요. 깊은 산속에서 조난을 당했을 때, 사람들이 서로를 꼭 안고 체온으로 추위를 이겨 냈다는 이야기를 들어 본 적이 있을 거예요. 벌들도 마찬가지랍니다. 사람처럼 에어컨이나 난로가 없는 꿀벌들은 더위를 막는 방법도, 추위를 막는 방법도 모두 자신의 몸을 이용하지요.

애벌레 방은 벌집의 다른 부분에 비해 따뜻하답니다. 그래서 꿀벌을 연구한 과학자들은 애벌레 방 근처에 들어가 있는 벌들이 애벌레의 몸에서 나는 열을 나누어 받는다고 생각했습니다. 하지만 열적외선 카메라로 사진을 찍은 결과 놀라운 사실을 알았어요. 빈방에 들어가 있는 일벌의 몸에서 뜨거운 열이 나오고, 그 열이 근처의 애벌레와 번데기에게 전달된다는 것을 말이지요.

우리 몸은 추위에 노출되면 지방이나 탄수화물 같은 에너지를 태워 열을 냅니다. 계속 움직이면 에너지를 소비하면서 몸에서 열이 나오게 되지요. 추울 때 제자리뛰기를 하거나 팔을 계속 움직이면 열이 나면서 추위가 가신 경험이 있을 겁니다. 꿀벌도 추위를 막기 위해 사람과 마찬가지의 행동을 합니다. 꿀벌의 가슴에 있는 날개 근육을 빠르게 움직이면 열이 나옵니다. 이렇게 난로 역할을 하는 벌은 방 안에 자신의 몸을 바짝 붙입니다. 또는 빈방에 들어가지 않고 방 위에서 난로 역할을 하는 벌들도 있습니다. 이 벌들 또한 날개 근육을 빠르게 움직여 열을 낸 다음 애벌레와 번데기가 들어 있는 방 뚜껑 위에 납작 엎드려 열을 전달해 줍니다. 최대 30분 동안이나 꼼짝하지 않기도 하지요. 이때 몸의 온도는 약 43℃까지 올라간다고 해요. 이렇게 난로 역할을 하는 벌들은 많은 양의 꿀을 필요로 합니다. 하지만 꿀을 보충하기 위해서 방을 떠나면 기껏 데운 방이 식겠죠? 그래서 난로 역할을 하는 벌들에게 꿀을 공급하는 먹이 공급 벌들도 있습니다. 먹이 공급 벌은 더듬이로 온도를 감지합니다. 그래서 먹이가 부족해 온도가 낮아진 난로 역할을 하는 벌들에게 고영양식 꿀을 준답니다.

한겨울 추위가 닥치면 벌집 안의 꿀벌들은 모두 가까이 붙어서 날개 근육을 떨어 열을 냅니다. 그래서 밖이 영하 6~7℃여도 벌집 안은 35℃ 가까이 유지될 수 있습니다. 이렇게 몸에서 열을 내고 영양 보충을 하기 위해 여름 내내 모아 두었던 꿀의 대부분이 사용된답니다.

그럼 집이 더워지면 꿀벌들은 어떻게 할까요? 너무 추워도

과학자의 비밀노트

**곤충들의 겨울나기**

곤충들에게 겨울은 가혹한 계절이다. 곤충은 포유류나 새처럼 털이나 깃털 등으로 추위를 막을 수 없기 때문에 눈보라와 차가운 바람을 피할 수 있는 땅속이나 나무둥치, 돌 밑이나 낙엽 속에 들어가 겨울을 난다.
장수하늘소와 사슴벌레 등은 나무줄기 속에 구멍을 파 애벌레 상태로 겨울을 나고, 노린재와 무당벌레 등은 낙엽 밑에 무리 지어 겨울을 난다.
물장군과 물자라 등 물에 사는 곤충은 물속에서, 귀뚜라미나 메뚜기 등은 땅속에서 알의 형태로 겨울을 난다.

살아가는 데 지장이 있지만, 너무 더워도 애벌레와 번데기들에게는 치명적인 위협이 될 수 있습니다. 미처 깨어나지도 못하고 죽을 수 있거든요. 이때는 벌집의 온도를 낮추는 일을 해야 합니다. 일벌들은 근처에서 물방울을 모읍니다. 그리고 이것을 벌집 안에 바르면 일벌들이 날개로 부채질을 합니다. 물이 증발하면서 벌집 안의 열을 빼앗아 가는 것이지요. 부채질을 하는 일벌들은 온도를 낮추는 일 이외에도 많은 일을 합니다. 낮은 농도의 꿀을 진하게 만들 때, 이산화탄소 농도가 높아 벌집 안에 신선한 공기를 필요로 할 때에도 이 일벌들이 열심히 부채질을 한답니다.

이처럼 평범해 보이는 벌집 안에 우리가 모르던 여러 가지

비밀이 숨어 있었네요.

지금까지 배운 내용을 정리해 볼까요?

- 꿀벌은 배에서 밀랍을 만들어 정육각형 모양의 벌집을 만든다.
- 꿀벌은 중력, 지구 자기장을 감지하여 완벽한 벌집을 짓는다.
- 벌집은 꿀과 꽃가루의 저장소, 쉼터, 애벌레 양육 장소 등으로 이용된다.

## 만화로 본문 읽기

부동산
역에서 너무 멀지 않고, 너무 춥거나 덥지도, 어둡거나 습해도 안 돼요.
꿀벌이 새 보금자리를 찾을 때랑 비슷하군요.
꿀벌도요?

쾌적하고 안전한 곳을 원하는 것은 모든 생물의 공통된 마음일 거라는 얘기지요.
그런데 사람과 달리 벌이 이사한다는 것은 새로운 벌집을 짓는다는 의미잖아요.


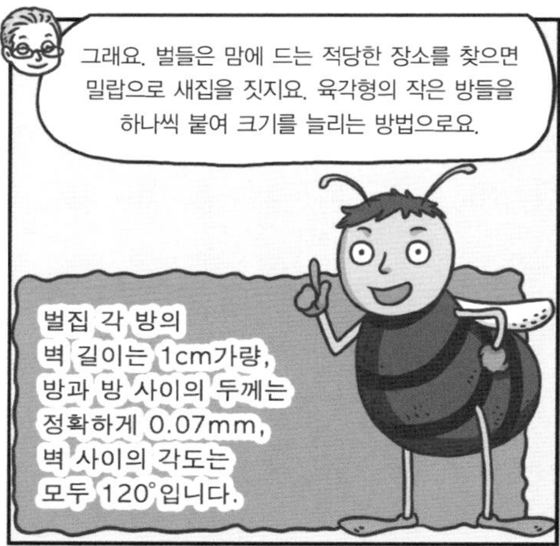

그래요. 벌들은 맘에 드는 적당한 장소를 찾으면 밀랍으로 새집을 짓지요. 육각형의 작은 방들을 하나씩 붙여 크기를 늘리는 방법으로요.
벌집 각 방의 벽 길이는 1cm가량, 방과 방 사이의 두께는 정확하게 0.07mm, 벽 사이의 각도는 모두 120°입니다.

그런데 왜 하필 육각형 모양이에요?
다른 모양은 연결할 때 틈새가 생기거나 너무 많은 밀랍이 든답니다. 그런데 육각형 벌집은 수학자들이 놀랄 정도로 완벽하고 튼튼하지요.
그 육각형 안에 달콤한 꿀이 가득가득!

미안하지만 이 안에 우리도 있거든!
꼬물
꼬물
앗
붕
붕
여기는 너의 꿀 창고가 아니라 우리들의 소중한 쉼터이고 유치원, 병원이라고!
가까이 오면 프로폴리스로 미라를 만들어 버린다!

앗, 만만한 꿀벌들이 아니군…. 나도 꿀을 모으는 방법을 연구하든가 해야지, 원.
그게 그렇게 쉬운 일인 줄 알아? 우리도 나름 직업의식이 있다고!
하하
하하

다섯 번째 수업

5

# 꿀벌의 의사소통

꿀벌의 학습 능력에 대해 알아보고,
동료 꿀벌들과 의사소통하는 방법을 알아봅시다.

5

다섯 번째 수업

# 꿀벌의 의사소통

| 교과연계 | | |
| --- | --- | --- |
| 교. | 초등 과학 3-1 | 3. 동물의 한살이 |
| 과. | 초등 과학 3-2 | 2. 동물의 세계 |
| 연. | 초등 과학 5-1 | 1. 환경과 생물 |
| 계. | 초등 과학 6-1 | 5. 주변의 생물 |
| | 고등 과학 1 | 1. 탐구 |
| | 고등 생물II | 4. 생물의 다양성과 환경 |

프리슈가 꿀벌도 학습 능력이 있는지 궁금하다며 다섯 번째 수업을 시작했다.

꿀벌은 언뜻 보기에는 매우 작고 보잘것없어 보이는 곤충이지만, 알고 보면 놀라운 특징을 가지고 있지요? 나는 이러한 꿀벌의 신비로움에 푹 빠지고 말았어요. 그래서 꿀벌을 대상으로 학습 능력이 있는지 알아보는 연구를 시작했답니다.

내가 연구할 당시만 해도 침팬지나 돌고래 같은 포유류는 어느 정도 지능을 가지고 있다는 것이 알려져 있었어요. 하지만 하등한 동물, 예를 들어 무척추동물인 꿀벌이나 개미 같은 동물이 포유류처럼 뛰어난 지능이 있는지, 또 학습 능

력이 있는지에 대해서는 대부분의 학자들이 그럴 리가 없다고 생각했지요. 하지만 나는 꿀벌 무리를 자세히 관찰하면서, 이렇게 많은 꿀벌들이 좁은 공간에서 무질서하게 살 리가 없다는 생각을 했습니다. 자세한 것은 알 수 없었지만, 꿀벌들은 굉장히 규칙적으로 움직이고 있었거든요.

## 꿀벌의 집 찾기

내가 꿀벌을 연구하던 꽃밭 주위에는 여러 개의 벌집이 있었습니다. 겉으로 보기에는 다 비슷해 보이는 벌집 중에서 꿀벌은 자신의 집을 구별할 수 있을까요? 가끔 술에 취한 어른들은 비슷하게 생긴 아파트를 착각해서 자신의 집과 다른 층이나 동으로 가기도 하잖아요.

나는 꿀벌들이 자신의 집과 다른 집을 구별하는 능력이 있는지 궁금하게 생각했습니다. 만일 구별한다면 꿀벌도 지능이 있다는 것이 증명될 테니까요. 나는 꿀벌들이 헷갈리지 않고 자신의 집을 찾아갈 것으로 믿었습니다. 그래서 여러 개의 벌집 중 하나를 골라 거기에 살고 있는 꿀벌들의 등에 페인트로 점을 찍었습니다. 그리고 그 꿀벌들이 어디로 들어

가는지를 유심히 관찰했지요. 놀랍게도 페인트가 칠해진 꿀벌들은 항상 자기 벌집으로만 들어가는 것을 발견하였습니다. 벌에게 자신의 집과 다른 집을 구별하는 능력이 있다는 것이 증명된 셈이지요.

## 꿀벌의 기억력과 사고력

나는 꿀벌을 이용해 또 다른 실험을 해 보았습니다. 꿀벌에게 기억력과 사고력이 있는지 알아보는 실험이었지요. 먼저 설탕물이 담긴 접시를 벌집 주위에 두고, 꿀벌들이 이 먹이

를 찾아가도록 훈련시켰습니다. 어느 정도 익숙해지면, 조금 더 멀리 먹이를 움직였습니다. 먹이를 조금씩 더 먼 곳으로 옮길 때마다 꿀벌들은 처음에 먹이를 둔 장소에서 몇 번 헤매더니 결국은 먹이가 있는 곳으로 날아갔습니다. 꿀벌들이 날아야 하는 거리가 갈수록 길어진 것이지요. 그런데 나중에는 벌들 중 일부가 내 실험의 규칙성을 알아채고는 처음부터 먹이가 있을 것이라고 예측한 곳으로 곧장 날아가는 것을 발견했습니다. 아주 똑똑한 꿀벌이죠? 이를 통해 벌들도 생각하

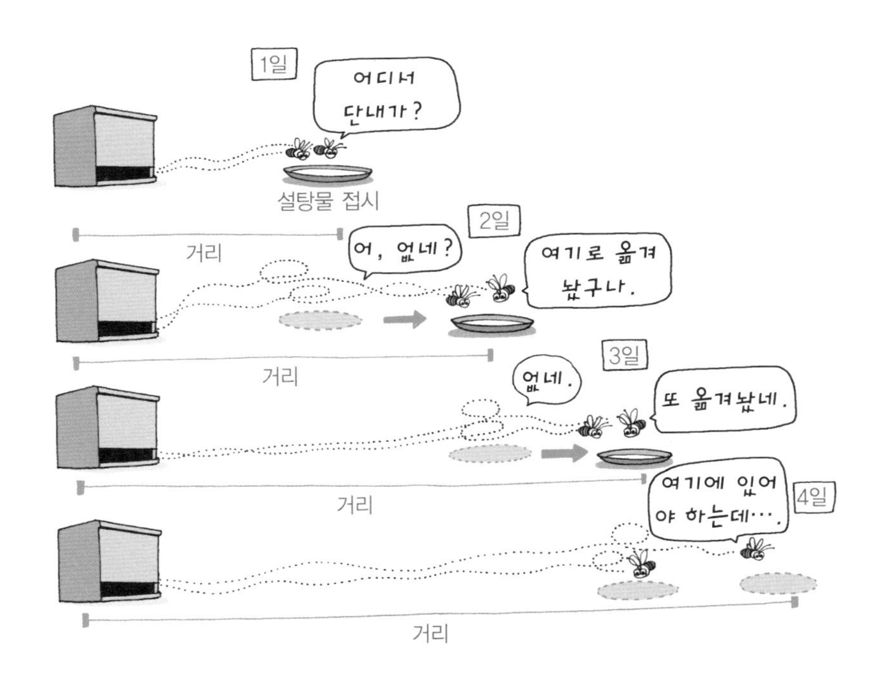

는 능력이 있다는 것을 알 수 있었답니다.

## 꿀벌의 모양, 색깔, 냄새 구별하기

앞의 수업에서 꿀벌이 색이나 모양을 구별할 수 있다고 했었죠? 그걸 알게 된 것은 다음과 같은 실험을 통해서였답니다. 나는 6개의 색판 위에 같은 모양의 투명한 접시를 놓은 다음 노란색 접시에만 꿀을 담았습니다. 모든 꿀벌들은 당연히 노란색 접시로 모여들었습니다. 다음에는 노란색 접시에 물을 담아 두었습니다. 하지만 꿀벌들은 계속 노란색 접시로 모여들었습니다. 이는 꿀벌이 노란색 접시에 꿀이 있었다는 것을 기억했다는 증거였죠.

좀 더 놀라운 사실은 다음 실험에서 나타났습니다. 하얀색 도화지에 파란색 종이로 6개의 모양(○, △, X, Y, □, ▽)을 자른 다음 X와 Y 형태 위의 접시에만 꿀을 담아 놓았습니다. 꿀벌들은 이 2장의 종이 위에 놓은 접시에만 모여들었지요. 충분한 시간이 지난 후 Y자 모양을 빼고 새로운 모양(≡)의 종이를 넣었습니다. 또 도형의 순서도 바꾸었지요. 그러자 꿀을 빼고 빈 접시만 올렸을 때, 벌의 대부분은 X자 모양

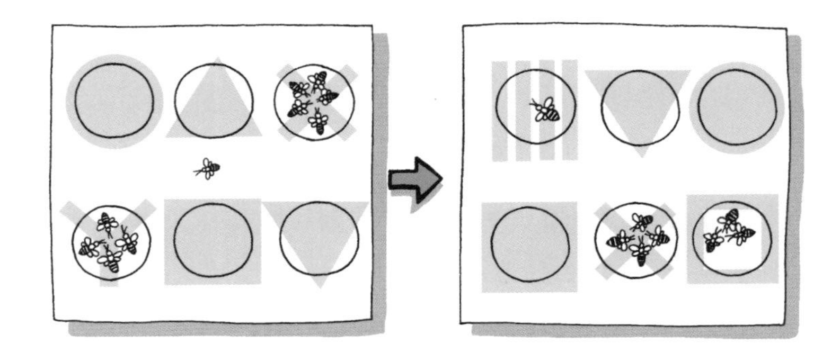

의 종이에 모여들었습니다. 꿀이 놓여 있던 곳의 X자 모양을 기억했다는 것이지요.

모양과 색깔 외에 냄새를 기억하는 데에도 꿀벌은 뛰어난 학습 능력을 보여 줍니다. 예를 들어 꿀벌은 특정한 향기를 한 번 맡으면 오랫동안 기억하여 다른 향기와 구별하는 적중률이 90%에 이릅니다. 이것은 화학적으로 순수한 향기뿐만 아니라 여러 가지 성분이 섞여 있는 향기에도 적용됩니다.

환경학자 브로멘센크(Jerry Bromenshenk) 교수는 꿀벌에게 향기 구별 능력이 있다는 것을 알고, 이를 훈련시켜 특정 환경 오염 물질을 찾아냈습니다. 그는 기르던 꿀벌을 이용해 비소, 카드뮴, 불소 등으로 오염된 지역을 역추적하여 그 지역에 있던 광물 제련 공장이 범인임을 알아냈습니다.

또 미국 국방부는 꿀벌을 이용해 지뢰를 찾는 연구를 하고 있습니다. 땅속에 묻혀 있는 지뢰를 찾아내는 것은 무척 위험합니다. 사람이 직접 할 수 없기 때문에 개를 이용해서 찾아내는 방법을 많이 사용하지요. 하지만 개를 훈련시키는 데에는 많은 시간이 걸리고 잘못하면 개도 피해를 입을 수 있습니다. 하지만 벌의 먹이에 지뢰 속 물질을 넣어 주면 이틀 만에 그 냄새를 기억할 수 있습니다. 게다가 꿀벌은 폭발의 위험 없이 개를 사용했을 때보다도 넓은 지역을 탐색할 수 있어 유용합니다. 실험에 따르면 꿀벌이 지뢰를 찾는 정확도는 약 97%에 이른다고 합니다.

한국의 비무장 지대에는 6·25전쟁 때 사용했던 지뢰가 아직 많이 묻혀 있다고 하던데, 꿀벌의 냄새 기억력을 이용한다면 지뢰 찾기에 큰 도움을 줄 수 있다고 생각합니다. 또한

오염 물질 탐지, 마약 탐지, 천연 향료 찾기 등 여러 방면에 응용할 수 있겠지요.

그렇다면 꿀벌에게 형태나 색깔을 학습시키는 데는 얼마나 걸릴까요? 향기를 기억하는 것만큼 짧은 시간 내에 이루어지지 않지만, 3~5번 정도 훈련을 반복하면 형태와 색깔을 기억할 수 있습니다. 또 꿀벌은 더 많은 것과 적은 것을 구별하는 능력이 있습니다. 수의 크기를 알 수 있다는 말이지요. 더 나아가 꿀벌은 각기 다른 시간과 장소에서 신속하게 그 상황에 맞는 결정을 내릴 줄도 압니다.

예를 들어 꽃은 종류에 따라 만들어 내는 꿀의 양이 다른데, 꿀 채집을 나간 꿀벌들은 가능한 한 더 많은 꿀을 얻기 위해 사전에 작업 계획을 세워 보다 효율적으로 움직입니다. 마치 여러분이 학교에서 집에 가는데 문방구, 은행, 슈퍼, 할머니 댁을 들러야 한다고 했을 때, 가장 적게 걷고 빠른 시간에 갈 수 있는 길을 찾아 움직이는 것처럼 벌들도 꿀 채집 길을 정한다는 것이지요.

또 꿀벌들이 흐린 날씨 때문에 며칠 동안 비행을 하지 못할 때에는, 마지막으로 방문했던 좋은 꽃밭을 1주일까지 기억할 수 있으므로 날씨가 좋아지면 바로 그곳을 찾아 꿀을 채집하지요.

보기보다 꿀벌이 똑똑해서 놀랐지요? 이런 몇 가지 연구를 통해 나는 꿀벌도 원숭이나 앵무새 같은 척추동물 못지않게 똑똑하며 학습 능력이 있다는 믿음을 갖게 되었고, 꿀벌이 어떻게 의사소통을 하는지에 대해 궁금증을 가지고 연구를 시작하게 되었답니다.

지금까지의 실험에서 알게 된 사실을 정리해 볼까요?

- 꿀벌은 자신의 집을 기억하고, 다른 벌집과 구별할 수 있다.
- 꿀벌은 학습 능력이 있어서, 기억과 추리를 할 수 있다.
- 꿀벌은 색과 형태, 냄새, 수의 크기를 구별할 수 있다.

## 꿀과 꽃가루를 모으는 과정

꿀벌의 의사소통 방법에 대해 알아보기 전에 그들이 꿀과 꽃가루를 모으는 과정에 대해 알아보도록 해요.

여름 한철 동안 꿀벌 무리는 최대 300kg의 꿀을 모을 수 있습니다. 이러한 꿀 채집을 위해서 꿀벌 무리는 약 750만 번이나 수집 비행을 나가야 해요. 이를 거리로 환산하면 약

2,000만 km에 이르는데, 이것은 지구와 금성 간 거리의 반이 넘는 아주 먼 거리입니다.

한 번의 비행에서 꿀벌이 가져올 수 있는 꿀의 양이 자기 몸무게의 절반이 조금 넘는 40mg이라고 했었지요? 따라서 벌집의 방 하나를 꿀로 채우기 위해서는 25번의 수집 비행을 다녀와야 합니다. 하지만 대부분의 벌들은 그렇게 많이 날아다니지 않습니다. 앞에서 얘기했듯이 꿀벌 중에서도 게으름뱅이와 일중독, 평범한 일벌들이 골고루 존재하기 때문에 꿀벌에 따라 비행 횟수는 다르지요.

그렇다면 꿀벌의 이동 속도는 얼마나 될까요? 빨리 날 때 꿀벌은 시속 약 30km의 속도로 날 수 있습니다. 생각보다는 빠르죠? 하지만 이론적으로 꿀벌 1마리가 하루 종일 날 수 있는 거리는 10km입니다. 또 한 가지 생각해야 할 것은 날아다니는 데 에너지가 든다는 점입니다. 힘들게 모은 꿀을 먹어가면서 굳이 먼 길을 빠른 속도로 날아다닐 필요는 없다는 얘기지요. 그래서 꿀벌들은 벌집 근처에 꽃이 많이 피어 있는 식물을 주로 찾아다닙니다.

봄철 활짝 핀 꽃밭을 보면 많은 꿀벌들이 날아다니는 것을 볼 수 있습니다. 만일 한 꿀벌이 꽃 위에 앉았는데 먼저 지나간 벌이 꿀과 꽃가루를 다 가져갔다면 두 번째 꿀벌은 헛수고

를 한 셈이겠지요? 꿀벌들은 이렇게 허탕 치는 것을 막기 위해 꿀과 꽃가루 수집이 끝난 꽃에 '꿀이 없음' 이라는 화학적인 표시(동료 꿀벌들은 알아볼 수 있음)를 해 둡니다. 이러한 신호는 꽃이 꿀주머니를 다 채우면 바로 사라지도록 되어 있습니다. 이처럼 꿀벌들은 꽃에 내려앉기 전에 '꿀이 없음' 이라는 메시지를 확인함으로써 헛수고를 줄일 수 있습니다.

일반적으로 꿀벌은 벌집에서 2~4km 정도 거리를 날아다닙니다. 꽃가루의 양으로 꿀벌의 비행 횟수를 알아보면 얼마나 될까요? 꿀벌 무리는 1년에 약 20~30kg의 꽃가루를 수집하는데, 벌이 보통 한 번에 약 15mg의 꽃가루를 나르므로 이 정도 양을 모으기 위해서는 한 벌집 안의 꿀벌들이 채집 비행을 나가는 횟수는 100만 번에서 200만 번이 됩니다.

그렇다면 모든 일벌들이 꿀과 꽃가루를 함께 모을까요? 꿀을 수집하는 벌과 꽃가루를 수집하는 벌의 수는 정해져 있지 않습니다. 비율도 일정하지 않지요. 따라서 상황에 따라 각각을 채집하는 꿀벌의 수와 비율이 달라집니다. 또 꿀과 꽃가루를 동시에 수집하는 벌은 수집 벌 중 약 15%밖에 되지 않습니다. 소수의 경험 많은 꿀벌뿐이지요. 대부분은 꿀만 모으거나 꽃가루만 모읍니다. 한 가지 일만 하는 것이 작업 속도를 더 빠르게 할 수 있다는 사실을 꿀벌들도 알고 있는 거죠.

사실 일벌이 하는 여러 가지 일 중에서 들판에 나가 꿀과 꽃가루를 모으는 일이 가장 힘듭니다. 일벌의 여러 가지 업무 중 가장 중노동이랄까요? 그래서 주로 채집 활동을 하는 일벌들은 종종 잠을 자기도 합니다.

잠을 자는 꿀벌은 어떻게 구별할 수 있을까요? 보통 꿀벌이 잠을 잘 때에는 더듬이를 늘어뜨린 채 다리를 접습니다. 일벌은 주로 밤에 벌집의 가장자리에서 잠을 잡니다. 혹은 들판에 피어 있는 꽃송이 위에서 잠을 자기도 하지요. 만일 꽃 위에 가만히 있는 꿀벌을 보게 된다면 자세히 살펴보세요. 더듬이를 늘어뜨리고 다리를 접고 있다면, 피곤해서 잠이 든 꿀벌이랍니다.

## 꿀벌의 길 찾기

일벌이 하는 여러 가지 일 중에서 가장 중요한 것 중 하나가 꿀과 꽃가루를 모으는 일입니다. 하지만 벌집을 떠나 먼 곳까지 날아가는 것은 아무나 할 수 있는 일이 아니랍니다. 갓 태어난 일벌은 얼마 동안 집안일을 돌보다가 몇 주가 지난 다음에야 벌집 밖으로 나갈 수 있는 기회가 주어집니다. 처

음 집을 떠난 벌들이 먹이를 찾으러 먼 곳까지 나갈 수는 없겠지요? 여러분이 처음 유치원이나 학교에 갔던 때를 생각해 보세요. 입학한 후 며칠 동안은 엄마나 할머니 등 어른의 손을 잡고 등하교를 하지요. 그러면서 집과 유치원, 혹은 학교까지 가는 길을 잘 기억해 둡니다. 이렇게 몇 번 반복하다 보면, 자연스럽게 집에서 학교 가는 길을 익히게 되지요.

꿀벌들도 마찬가지입니다. 처음에는 경험이 많은 수집 벌(꿀과 꽃가루를 모으는 벌)을 따라 벌집 주변 환경을 익히는 연습부터 시작해요. 꿀벌은 벌집 주위에 있는 다양한 사물을 활용하여 길을 찾습니다.

즉, 목표물까지 날아갈 때 각 구간별로 날아다니는 경로를 따라 주위에 있는 사물 중 나무나 덤불 등 눈에 띄는 지상의 표시를 기억해 둡니다. 우리가 길을 찾을 때 눈에 띄는 건물이나 간판 등을 보고 장소를 기억하는 것처럼 말이죠. 그러나 이 방법은 주위의 지형이 이미 머릿속에 입력되어 있는 친숙한 곳일 때만 가능합니다.

따라서 모든 꿀벌은 수집 벌이 되기 전에 벌집 주위를 돌며 주변 환경을 익히는 과정을 거칩니다. 짧은 시간 동안에 반복해서 벌집을 중심으로 각각 다른 방향으로 비행을 함으로써 벌집 주변의 지형을 머릿속에 입력하는 것입니다. 때로는 늙은 벌이 훈련 중인 수집 벌을 도와주기도 합니다. 늙은 수집 벌들은 벌집 입구에서 배 끝에 있는 나사노프샘을 열어 게라니올이라는 향기 물질을 뿌립니다. 게라니올은 제라늄 향기와 비슷한 화학 물질로 꿀벌들은 날갯짓을 이용하여 이것을 주변에 뿌리지요. 그러면 신참 수집 벌은 이 향기를 따라 자기 집을 찾을 수 있게 됩니다. 이처럼 꿀벌들이 길을 찾는 데에는 시각과 후각이 중요한 기능을 합니다.

## 원형춤(꿀춤)과 8자춤(꽃가루춤)

자, 이제는 신참 수집 벌이 모든 훈련을 마치고, 첫 비행을

할 때가 왔습니다. 신참 수집 벌은 가슴이 뛰는 것을 느끼면서 힘찬 날갯짓을 합니다. 한참을 날아가다가 신선한 꿀과 꽃가루가 잔뜩 담긴 장미 꽃밭을 발견했습니다. 처음에는 꿀이나 꽃가루를 조금만 채집하여 벌집으로 돌아갑니다. 이것을 벌집에 있는 일벌에게 넘겨준 후 다시 꽃밭으로 되돌아가는데, 반복할수록 오가는 속도가 빨라집니다. 이렇게 비행 시간이 짧아지는 이유는 벌집과 장미 꽃밭 사이를 10번 정도 왕복하다 보면 가장 빠른 길을 찾게 되기 때문이지요. 훌륭한 먹이가 있는 꽃밭도 찾고, 가장 빠른 길을 알게 된 신참 수집 벌은 이 놀라운 발견을 동료들에게 알리기 위해 재빨리 벌집으로 되돌아옵니다. 더 많은 수집 벌을 데리고 장미 꽃밭으로 가서 꿀과 꽃가루를 모으기 위해서 말이죠.

그런데 꿀벌들은 어떻게 꽃밭의 위치를 동료들에게 알려 줄까요? 만일 여러분이 학교 근처에 맛있는 떡볶이 가게가 생긴 것을 알게 되었다면 친구들에게 수다를 떨 것입니다. "학교 근처에 맛있는 떡볶이 가게가 생겼어. 거기가 어디냐면 학교 정문에서 오른쪽으로 가서 첫 번째 골목이 나올 때까지 걷다가……."라고 말이죠. 하지만 안타깝게도 꿀벌은 사람처럼 말을 하지 못해요. 나는 꿀벌이 어떻게 동료들에게 먹이가 있는 곳을 알려 주는지 궁금했어요. 그래서 벌집 주위에 설탕물이 담긴 접시를 둔 다음 꿀벌들의 행동을 관찰했답니다.

벌집 근처에 둔 접시의 설탕물을 먹고 돌아온 꿀벌은 벌집 위에서 바쁘게 원을 그리며 날아다녔어요. 또 벌집에서 멀리 떨어진 꽃에서 꽃가루를 모아 온 꿀벌은 8자 모양의 춤을 추는 것을 발견할 수 있었답니다. 이 춤을 본 다른 꿀벌들이 각각 설탕물이 담긴 접시와 꽃밭을 찾아 날아가는 것도 함께 관찰할 수 있었고요. 꿀벌들은 언어 대신 춤으로 의사소통한다는 것을 알게 되는 순간이었지요. 나는 이렇게 벌들이 춤을 추는 모습을 보고, 원 모양의 춤을 '꿀춤', 8자 모양의 춤을 '꽃가루춤'이라고 불렀습니다. 먹이가 꿀이냐 꽃가루냐에 따라 춤의 모양이 달라진다고 생각했거든요.

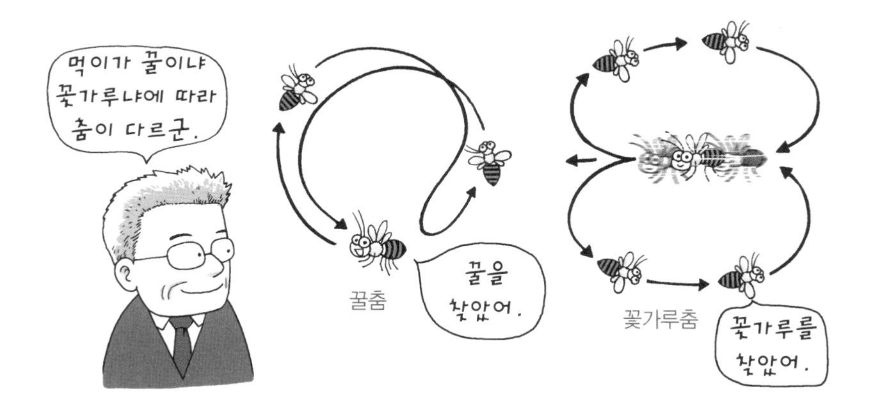

특히 8자춤은 굉장히 흥미로웠답니다. 처음 봤을 때는 단순히 8자 모양을 그리며 춤을 추는 것인 줄 알았는데, 카메라로 꿀벌의 8자춤을 찍은 후 느리게 돌리면서 관찰한 결과, 꿀벌은 1초에 15번 정도 몸통을 빠르게 좌우로 흔들며 반원을 그리면서 돌았습니다. 그리고 이번에는 이 동작을 반복하면서 반대쪽으로 돌아 8자 모양을 그리는 것처럼 춤을 춥니다. 이때 8자춤의 전체 크기는 2~4cm 정도밖에 되지 않습니다.

그런데 나는 벌집에서 설탕물 접시를 조금씩 멀리 놓아두며 실험을 한 결과 이상한 사실을 발견했어요. 벌집에서 설탕물 접시를 100m 이상 떨어뜨리자 꿀벌들이 8자 모양의 꽃가루춤을 추는 게 아니겠어요?

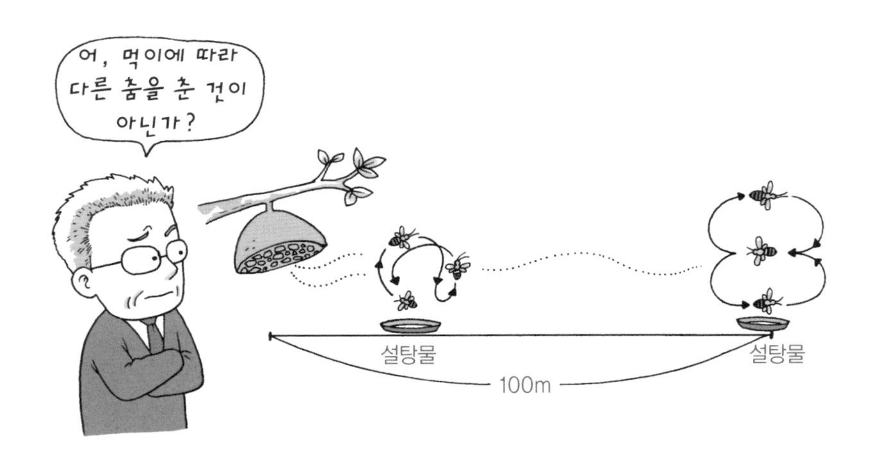

__ 어, 그러면 꿀벌들이 먹이에 따라 꿀춤과 꽃가루춤을 춘다는 선생님의 결론이 틀린 거네요?

맞아요. 안타깝게도 내가 내린 결론과 달랐지요. 그렇다면 이 실험 결과를 가지고 어떤 가정을 할 수 있을까요?

__ 음, 꿀벌들이 추는 춤의 모양은 먹이와 관계없고, 먹이와의 거리에 따라 달라지는 게 아닐까요?

__ 하지만 그렇게 말하기에는 아직 증거가 부족한 것 같아요. 다른 실험을 해 봐야 할 것 같은데요?

두 학생의 의견 모두 일리가 있어요. 그렇다면 어떤 실험을 해 보면 확실히 알 수 있을까요?

10분 정도 의논을 한 후 한 학생이 손을 들어 말했다.

__ 음, 꽃가루를 가지고 앞의 실험처럼 벌집과 가까운 거리에서 점점 멀리 떨어진 거리까지 두어 수집 벌들이 어떤 춤을 추는지 알아보면 될 것 같아요. 만일 가까운 곳에 둔 꽃가루를 찾은 수집 벌이 꿀춤을 추고, 먼 곳에 둔 꽃가루를 찾은 수집 벌이 꽃가루춤을 춘다면, 확실하게 꿀벌이 먹이의 거리에 따라 추는 춤이 달라진다고 말할 수 있을 것 같아요.

정말 완벽한 답이네요. 여러분은 당장 내 실험 조수가 되어

서 연구를 시작해도 될 것 같아요.

프리슈가 박수를 치며 학생들을 칭찬했다.

나는 여러분이 말한 것처럼 실험을 해 보았답니다. 그랬더니 설탕물 접시를 가지고 실험한 것과 마찬가지의 결과를 얻었어요. 그래서 꿀춤과 꽃가루춤이라는 이름 대신 춤의 모양을 따서 원형춤과 8자춤이라는 이름을 붙였답니다. 앞으로는 원형춤과 8자춤이라고 불러 주세요.

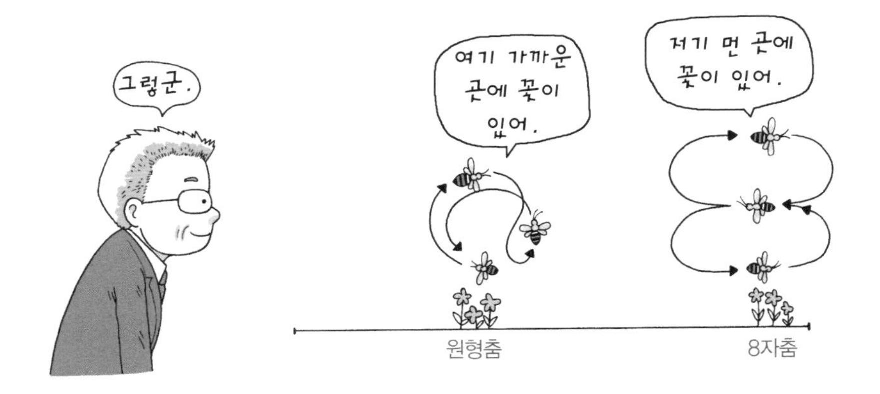


자, 여기서 꿀벌의 춤을 정리해 보죠.

• 먹이가 벌집에서 100m 이내에 있을 때에는 원형춤을 춘다.

• 먹이가 100m 이상 떨어져 있을 때에는 8자춤을 춘다.

## 거리와 방향에 따른 꿀벌의 춤

__ 그런데 선생님, 먹이와의 거리는 춤의 모양을 다르게 해서 알려 준다고 했는데 먹이에서 100m 떨어진 곳과 1,000m 떨어진 곳은 어떻게 구별해서 알 수 있죠?

__ 음, 방향도 문제가 되는데요? 100m 떨어진 곳이라도 동서남북 방향을 모르는데 어떻게 다른 꿀벌들이 찾아가죠?

한 학생이 질문을 하자 다른 학생도 손을 들고 궁금한 것을 물었다.

와, 여러분은 정말 과학자가 될 소질이 많군요. 거기까지 생각을 하다니 놀라워요.

프리슈가 감탄하며 말했다.

일단 원형춤의 경우 방향은 큰 문제가 되지 않아요. 비교적 가까운 곳에 먹이가 있고, 또 꿀벌은 후각이 발달했기 때문

에 몸에 묻은 냄새를 기억했다가 벌집 주변의 먹이를 찾아가는 것이 어렵지 않거든요. 하지만 먹이와의 거리가 100m 이상일 경우에는 정확한 거리를 알려 주는 것이 필요하지요. 꿀벌들은 8자춤을 출 때 춤의 횟수와 속도를 통해 거리를 알려 줍니다. 예를 들어 먹이와의 거리가 100m일 때는 15초 동안 9~10회 춤을 추고, 1,000m일 때는 4~5회, 6,000m일 때는 2회, 10km일 때는 1.25회입니다. 대개 춤 동작 1초는 1.2km를 의미합니다. 따라서 춤을 추는 횟수가 많을수록 거리가 가깝고, 춤을 추는 횟수가 적을수록 먹이와의 거리가 먼 것을 알려 주는 셈이지요.

방향의 경우 놀랍게도 꿀벌은 태양과 먹이의 각도를 계산

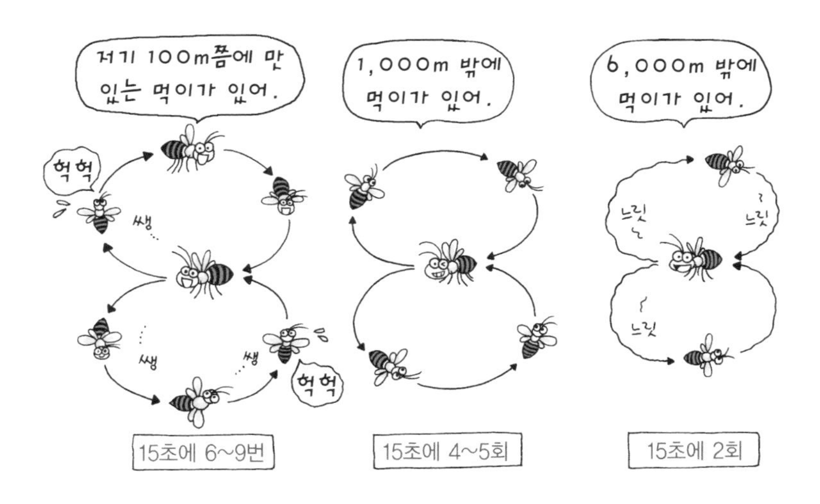

하여 춤을 춘답니다. 태양을 나침반으로 삼아 방향을 알아내는 것이지요. 오른쪽 페이지의 그림처럼 먹이가 태양의 왼쪽 60° 방향에 있을 경우 왼쪽으로 60° 기울어진 방향으로 8자 춤을 춥니다. 이렇게 하루 동안 같은 장소로 날아오는 수집벌은 태양의 위치가 바뀐 오전과 오후에 서로 다른 방향으로 8자춤을 추었습니다. 이를 통해 나는 꿀벌이 먹이의 위치를 알려 주는 데 태양을 이용한다는 것을 확실히 알 수 있었답니다. 또 꿀벌은 태양빛이 보이지 않는 밤에도 태양의 위치를 알 수 있는 신기한 능력이 있기 때문에 밤낮에 상관없이 먹이

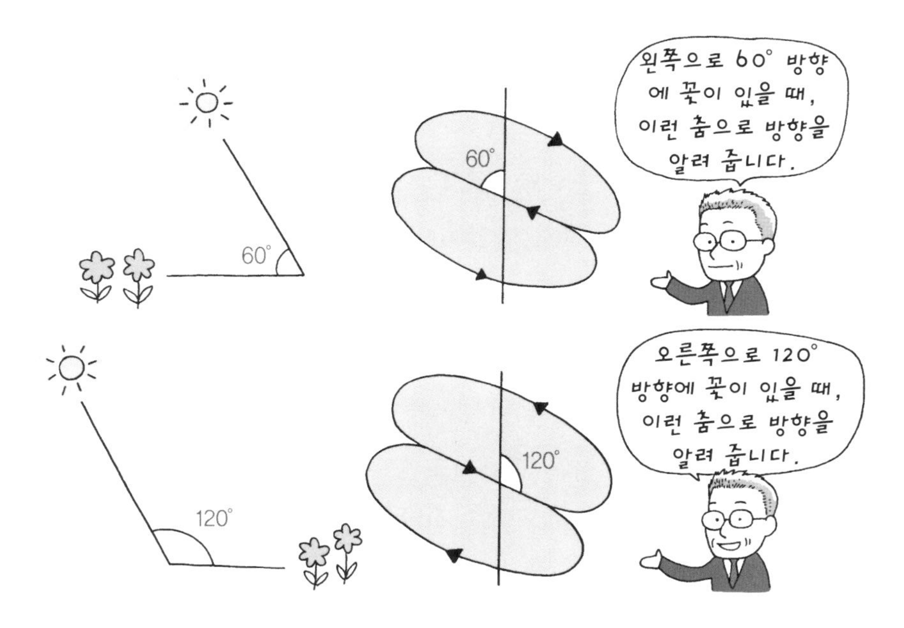

의 위치를 알 수 있어요.

집으로 돌아온 수집 벌은 자기가 가져온 꿀과 꽃가루를 벌집 안의 일벌들에게 넘겨준 다음 벌집 안의 넓은 무대로 나가 먹이가 있는 장소를 알려 주는 춤을 춥니다. 동료 일벌들은 수집 벌이 춤추는 것을 잠시 바라보다 같이 춤을 추기 시작합니다. 그러면 이 수집 벌은 다른 곳으로 옮겨 가 또 같은 춤을 추고, 이런 식으로 더 많은 일벌들을 먹이가 있는 장소로 안내합니다. 마치 사람들이 맛있는 식당을 널리 소문내는 것처럼 수집 벌도 다른 동료들에게 자신이 발견한 멋진 꽃밭을 소문내는 것이지요. 따라서 이른 아침에는 꿀벌이 1~2마리밖에 없던 꽃밭에, 오후에는 수많은 꿀벌들이 모여 열심히 꿀과 꽃가루를 나르는 모습을 볼 수 있답니다.

나는 이런 연구 결과를 논문으로 발표했지만 당시 동료 학자들은 그 결과를 믿지 않았어요. 하지만 최근에 영국의 재닛 라일리 박사팀이 꿀벌에 레이더를 붙여 추적한 결과 일벌들은 채집을 다녀온 꿀벌의 8자춤에서 먹이의 위치 정보를 얻은 후, 탐사에 나선다는 사실을 밝혔습니다. 이 실험은 나의 가설이 옳은 것을 증명했다고 볼 수 있지요. 또 1989년 덴마크 오덴세 대학교의 미셸센이라는 과학자는 로봇 벌을 만들어 진짜 꿀벌들 사이에서 춤을 추게 했다고 합니다. 그랬더니 그 신호를 보고 진짜 벌들이 먹이가 있는 장소로 찾아가는 것을 확인함으로써 꿀벌의 춤 언어가 정확하다는 것을 증명했답니다. 한편 나의 제자인 린다우어(Martin Lindauer, 1918～2008)는 꿀벌의 종류에 따라 춤이 조금씩 다르다는 것을 알아냈어요. 사람의 말에도 표준어와 여러 가지의 사투리가 있는 것처럼 말이죠.

자, 그럼 꿀벌의 의사소통 방법을 정리해 볼까요?

- 벌은 100m 이내에 먹이가 있다는 것을 알려 줄 때 원형춤을, 100m 이상에 먹이가 있다는 것을 알려 줄 때는 8자춤을 춘다.
- 8자춤은 먹이와의 거리가 멀수록 일정 시간에 춤을 추는 횟수가 줄어든다.
- 8자춤은 태양과 먹이의 각도를 나타내어 먹이의 방향을 알려 준다.

## 만화로 본문 읽기

어유, 정말 같은 인간인데 왜 너랑은 말이 안 통하는지 모르겠다!
흥
나도 동감이야!
쳇
하하. 꿀벌들은 서로 말을 하지 않아도 의사소통이 잘되는 걸요.
어떻게요?
훈련을 통해서이지요. 꿀벌들은 자기 집 주변을 잘 기억해 두었다가 멀리 가서도 찾아오는 훈련을 해요.
때로는 선배 꿀벌이 게라니올이라는 향기 물질을 뿌려서 길을 알려 주기도 하고요.
!
우리 집 주변에서 나는 냄새다!

하지만 그들은 사고력도 가지고 있어요. 설탕물이 담긴 접시를 찾아가도록 훈련시킨 후, 조금씩 더 먼 곳으로 옮겨 놓으면 처음에는 헤매지만 결국 먹이를 찾아내고 말지요.
그 정도로 사고력을 가지고 있다는 건 좀….
그런가요? 꿀벌은 결국 먹이를 찾아내는 것뿐만 아니라 나중엔 실험의 규칙을 알고, 처음부터 먹이가 있을 것이라고 예측한 곳에 가 있었답니다.
훗
오늘은 여기쯤에 먹이를 주겠지.
우아, 정말요? 똑똑한 꿀벌이네요.

또한 꿀이 있는 곳을 동료 벌들에게 알려 주기 위해 가까운 곳이면 원형춤을, 먼 곳이면 8자춤을 추지요.
붕
붕
아, 나름의 방법으로 서로 의사소통을 하고 있는 거군요.

우리도 말이 안 통해서 싸우기보다는 차라리 꿀벌처럼 의사소통하는 게 어때?
그거 좋은 생각이다.
하하

여섯 번째 수업

6

# 꿀벌이 만드는 유용한 물질

꿀벌이 만드는 여러 가지 물질과
그 물질의 용도에 대해 알아봅시다.

6

여섯 번째 수업

# 꿀벌이 만드는 유용한 물질

교과연계

| | | |
|---|---|---|
| 교. | 초등 과학 5-2 | 2. 용액의 분류 |
| | | 5. 용액의 반응 |
| 과. | 초등 과학 6-1 | 3. 우리 몸의 생김새 |
| 연. | 중등 과학 2 | 5. 자극과 반응 |
| 계. | 고등 생물 I | 2. 영양소와 소화 |

# 프리슈가 동굴 벽화 사진을 보여 주며 여섯 번째 수업을 시작했다.

## 벌집 찾기와 양봉

사람들은 수천 년 동안 벌들이 만들어 낸 유용한 물질을 이용해 왔습니다. 인류는 언제부터 벌꿀을 먹기 시작했을까요? 다음 페이지의 그림은 선사 시대 동굴 벽화의 모습이랍니다. 스페인의 바랑크 폰도라는 동굴에 있는 이 벽화에는 원시인들이 벌집에서 꿀을 훔쳐 가는 모습이 그려져 있습니다. 벌집이 매달려 있는 큰 나무 위에 사람들이 밧줄로 만든 사다리를 타고 올라가 벌집을 따고 있고, 주변의 사람들이 환호성

을 지르고 있어요. 이 벽화를 통해 원시인들도 벌꿀을 먹고 살았다는 것을 알 수 있습니다. 아주 오랜 옛날에는 기술이 없었기 때문에 자연 상태의 벌집을 찾아 꿀을 얻는 방법밖에 없었지요.

이들은 어떻게 벌집을 찾았을까요? 여기저기 조사해서 알아내는 방법도 있지만, 찾을 수 있는 확률이 높지 않습니다. 가장 쉬운 방법은 꽃에서 꿀을 따고 있는 꿀벌 몇 마리를 사로잡아 상자에 가두는 것입니다. 1마리를 풀어 놓으면 그 벌은 재빨리 자신의 집을 찾아 날아갑니다. 그러면 원시인들은 죽을힘을 다해 그 벌을 쫓아 가지요. 만일 벌을 놓칠 경우,

다음 벌을 풀어 같은 방법으로 추격하는 거죠. 이렇게 벌집을 찾으면 벌집 주위에 연기를 피웁니다. 연기를 피우면 꿀벌이 진정되어 가만히 있거든요. 그런 다음 벌집을 조심히 들어내어 꿀을 얻습니다. 원시인들은 운이 좋으면 금방 벌집을 찾기도 하지만, 운이 나쁘면 오랜 시간을 헤매거나 벌꿀을 훔치기에 힘든 곳에 있는 벌집을 찾을 수도 있습니다. 또 성난 꿀벌들의 공격을 받기도 하고, 꿀을 좋아하는 다른 동물들과 경쟁을 해야 하는 등 쉬운 일은 아니었겠죠.

따라서 이후 정착 생활을 하면서 직접 벌을 길러 꿀을 얻는 양봉을 시작하게 되었습니다. 이를 통해 손쉽게 벌꿀을 얻을 수 있게 되었지요.

기원전 2400년부터 기원전 600년까지 고대 이집트의 피라미드와 사원의 벽에서 양봉을 묘사한 그림이 발견되었습니다. 진흙으로 만든 커다란 항아리에 만들어진 벌집에서 꿀을 수확하는 모습이었죠. 또 이집트 인들은 벌꿀을 발효시켜 술을 만들었습니다. 이것은 인류 역사상 가장 오래된 술로 포도주나 맥주보다 더 오래되었다고 합니다. 참고로 한국에서는 삼국 시대부터 양봉을 시작했다고 해요.

## 벌꿀

사람들은 벌꿀을 어떤 곳에 이용했을까요? 고대 이집트에서는 미라를 만드는 데 벌꿀을 이용했습니다. 이 기술은 매우 널리 퍼졌는데, 외국 원정 중에 사망한 알렉산더 대왕의 시신도 벌꿀을 채운 관에 넣어 고국으로 운반했다고 합니다. 벌꿀은 농도가 매우 진하고, 미생물의 번식을 막는 항균 물질이 들어 있어 부패를 막기에 아주 좋은 재료였기 때문입니다.

또한 고대 그리스의 운동선수들은 경기를 치르기 전에 꿀을 먹었습니다. 꿀은 열량이 매우 높아 운동 시 필요한 에너지를 많이 공급할 수 있기 때문이죠. 등산을 하거나 힘든 일을 해서 기운이 없을 때, 사탕이나 초콜릿 같은 고열량 식품을 먹는 것도 짧은 시간에 우리 몸에 에너지를 공급해 주기 위한 방법이랍니다.

또 로마 인들은 벌꿀을 발라 피부를 가꾸는 데 사용하기도 했습니다. 지금도 벌꿀이 화장품의 재료로 많이 쓰이지만, 옛날에도 피부 미인들의 필수품이었던 셈이죠.

벌꿀은 자연에서 얻을 수 있는 가장 달콤한 물질입니다. 벌꿀에는 과당과 포도당이 많아 설탕보다 더 단맛을 냅니다. 그래서 예부터 요리의 재료로 사용되었죠.

또 벌꿀에는 많은 영양소가 들어 있어 벌꿀 1kg당 3,150~3,550kcal의 열량을 낼 수 있습니다. 하지만 같은 양의 사과는 400kcal, 오렌지는 230kcal, 오이는 140kcal의 열량밖에 낼 수 없답니다. 이 밖에도 벌꿀에는 수용성 비타민인 비타민 $B_1$, $B_2$, $B_6$, 판토텐산, 니코틴산, 비타민 C는 물론 지용성 비타민인 비타민 A, E, K가 들어 있습니다. 칼슘, 인, 칼륨, 철, 구리, 망간, 마그네슘, 황 등 무기질도 많이 들어 있지요. 또 풍부한 열량과 비타민, 무기질 이외에 건강을 증진시키는 성분이 많이 들어 있습니다.

그리고 소화 효소가 들어 있어 소화를 돕기도 하고 항균 작

용을 하는 유기산이 풍부하게 들어 있어 면역력을 높여 주기도 하지요. 그래서 예전부터 시력 회복, 해독 작용, 화상, 상처 회복 등에 벌꿀을 먹거나 발라서 치료 목적으로 사용하기도 했습니다. 벌꿀은 수분을 흡수하는 성질이 있기 때문에 세균에 감염된 곳에 꿀을 바르면 세균 속의 물을 빨아들여 죽입니다. 또 벌꿀은 산성을 띠고, 물을 빨아들이면서 과산화수소수를 내보냅니다. 이러한 산성 환경과 과산화수소수가 세균을 죽이는 것이지요.

뉴질랜드의 마누카 꿀과 호주의 젤리부시 꿀은 다른 벌꿀에 비해 항균 능력이 100배나 강하기 때문에 치료용 벌꿀로 널리 팔리고 있다고 합니다. 또 화상 치료에도 뛰어난 효과를 발휘하는데, 실험에 의하면 벌꿀로 화상 치료를 받은 환자 중 87%는 15일 만에 완전히 회복된 반면, 항생제 연고로 치료받은 환자는 10%만 회복되었다고 하니 천연 벌꿀의 효과가 얼마나 뛰어난지 알 수 있겠죠?

그런데 꿀이 다 좋은 것만은 아니랍니다. 독이 있는 꽃에서 모은 꿀에는 독성 물질이 들어 있을 수 있겠죠. 기록에 의하면 전쟁에서 독이 든 꿀을 이용해 승리한 적도 있었다고 합니다. 고대 그리스의 역사가인 크세노폰(Xenophon)이 기록한 바에 따르면 철쭉으로 만든 벌꿀이 가득 들어 있는 벌통을 적들이 오는 길 앞에 두자 적군들은 길가에 둔 벌꿀을 보고 정신없이 먹었는데, 벌꿀에 들어 있는 독성 물질 때문에 적군들은 심한 구토와 설사를 일으켰다고 합니다. 그 결과 몸이 아파 제대로 싸우지 못하는 적군을 물리칠 수 있었던 것이지요. 병사들이 이렇게 탈이 난 이유는 철쭉에 안드로메도톡신이라는 약한 독성이 있었기 때문이랍니다. 봄철에 산에 놀러 간 어른들이 진달래꽃으로 화전을 만들어 먹다가 배탈이 나서 병원에 실려 갔다는 뉴스가 종종 나오는데, 이는 진달래꽃과 비슷하게 생긴 철쭉을 따다가 화전을 만들어 먹었기 때문이에요. 그래서 잘 모르는 야생 식물이나 동물을 먹는 것은 굉장히 위험하답니다.

## 꽃가루

꿀벌이 모으는 것에는 꿀 말고 무엇이 있을까요?

__ 꽃가루요.

네, 맞아요. 꿀벌은 많은 꽃에서 꿀과 꽃가루를 모으는데, 꽃가루는 그 자체로 훌륭한 단백질 덩어리랍니다. 꿀벌은 꽃의 수술에서 만들어진 꽃가루를 뒷다리에 뭉쳐서 운반합니다. 고추씨 정도 크기의 꽃가루 덩어리는 알고 보면 10만~20만 개의 꽃가루가 뭉쳐진 것이며 꽃의 종류에 따라 꽃가루 덩어리의 색깔도 다양하다고 합니다. 이러한 꽃가루는 꿀벌에게 꿀 이상으로 중요합니다. 꿀벌이 알을 낳고 애벌레를 키우는 데 없어서는 안 되는 중요한 식량이기 때문입니다.

꿀벌이 채집한 꽃가루 이용에 관한 기록은 기원전으로 거슬러 올라갑니다. 고대 페르시아, 중국, 이집트 등의 고문서와 《성경》, 《코란》 등을 보면 꽃가루를 먹거나 약으로 이용했다는 기록이 나오며, 그리스 신화에 등장하는 올림포스 신들의 불로장생 식품도 바로 꽃가루라고 합니다. 특히 미인의 대명사로 불리는 클레오파트라의 피부 관리 비결이 해바라기 꽃가루를 먹고 바르는 것이었다고 하니 꽃가루가 얼마나 유용한 물질인지 알 수 있지요?

꽃가루에는 단백질 23~25%, 탄수화물 25~27%, 무기질 2.5~3%, 8가지의 필수 아미노산, 10종류의 비타민 등이 포함되어 있습니다. 흔히 꽃가루를 완전한 영양물질이며, 오랫동안 먹어도 부작용이 없는 완전식품이라고 합니다. 그래서 꽃가루는 흔히 건강 보조 식품으로 많이 팔립니다.

벌을 길러 꿀과 꽃가루를 얻는 양봉업자들은 벌통 입구에 벌의 몸만 간신히 들어갈 수 있는 정도의 구멍을 만들어 이 구멍을 통과하는 벌의 뒷다리에서 꽃가루가 떨어지도록 합니다. 하지만 꿀벌들이 먹고살 정도의 꽃가루와 꿀은 남겨

두지요.

## 로열젤리

꿀벌들이 만드는 물질은 애벌레를 돌보는 유모 일벌들의 몸에서 나오는 로열젤리가 있습니다.

로열젤리는 진하고 영양이 풍부한 우윳빛을 띠는 액체 상태의 물질입니다. 흔히 어머니의 초유는 아이에게 꼭 먹이라고 합니다. 그 이유는 초유 속에 아이의 면역력을 길러 주는 여러 가지 물질이 들어 있기 때문입니다.

로열젤리는 소화가 잘되는 고단백 덩어리로 사람의 모유처럼 갓 태어난 꿀벌 애벌레에게 세균 감염에 대한 면역력을 길러 주고 충분한 영양을 공급합니다. 또한 면역 강화 물질들이 전염병을 막아 주지요.

애벌레 중 로열젤리만 먹고 자란 애벌레는 여왕벌이 되는데, 이 여왕벌은 평생 몇 백만 개의 알을 낳고, 일벌보다 훨씬 더 오래 삽니다. 그런 이유로 로열젤리는 예부터 불로장생의 약으로 알려졌습니다. 물론 로열젤리를 먹으면 반드시 불로장생하는 것은 아니지만, 그만큼 몸에 좋다는 말이지요.

로열젤리의 성분은 단백질이 20～30%, 탄수화물 15%, 지방 10～15%, 수분 50～60%이며 비타민 A, B, $B_2$, $B_6$, $B_{12}$, C, D, E 등이 풍부하다고 합니다. 이러한 로열젤리는 왕대 1개 안에 0.1～0.5g만 저장되어 있기 때문에 벌집 안에서 얻을 수 있는 양은 극히 적습니다.

여러 실험 결과 로열젤리는 자연에서 얻을 수 있는 천연 영양제로 건강을 증진시키는 효과가 있다고 합니다. 이런 이유로 로열젤리는 건강 보조 식품으로 많이 팔리고 있으며 벌꿀보다 더 비싸게 팔리는 물질이랍니다. 하지만 이것만 먹으면 건강하게 오래 살 수 있다고 지나치게 믿는 것은 좋지 않아요. 어디까지나 건강 보조 식품이니까요.

## 프로폴리스

앞에서 나왔던 프로폴리스는 꿀벌들이 식물에서 나오는 진이나 수액 같은 액체 물질을 수집해 침과 섞어 만든 것으로 짙은 갈색, 황토색 등 여러 가지 색을 띠는 끈적끈적한 물질입니다. 이런 끈적끈적한 성질과 서늘한 곳에서는 단단해지는 성질 때문에 다른 말로 벌풀, 꿀벌 아교라고도 불립니다.

꿀벌들은 주로 소나무, 전나무, 가문비나무, 미루나무, 오리나무, 버드나무, 마로니에, 참나무, 야생밤나무, 자작나무, 물푸레나무, 떡갈나무, 옻나무 등의 눈이나 줄기에서 수액을 모아 이를 침과 잘 섞어 프로폴리스를 만듭니다. 꿀벌 중에는 프로폴리스만 수집해 오는 벌이 따로 있는데, 보통의 꿀벌 무리에서는 10～15마리가 프로폴리스를 수집하는 반면, 프로폴리스를 많이 모으는 꿀벌 무리에서는 30～40마리가 수집하기도 합니다.

프로폴리스는 벌통의 틈새를 메우거나, 벌집의 수리, 입구의 바람막이, 벌통에 침입한 침입자의 사체 부패 방지를 위해 사용되기 때문에 벌통 내 여기저기에 발라져 있습니다. 또한 항균 작용이 있기 때문에 벌집에 바르면 벌통 내에 미생물이 자라지 못합니다.

옛날 사람들은 프로폴리스가 어떻게 만들어지는지에 대해서는 잘 몰랐지만 천연 방부제와 항생제로 사용해 왔습니다. 예를 들어 로마 병사들은 프로폴리스를 가지고 다니면서 상처가 난 자리에 발라 치료를 했다고 합니다. 프로폴리스의 의학적 효과가 알려진 것은 1965년 프랑스의 의사인 쇼방(Remmy Sauvin)에 의해서입니다. 쇼방은 꿀벌의 몸에는 박테리아가 없다는 사실을 알고, 왜 그런지를 연구하던 중 프로폴리스가 천연 항생 물질임을 알아냈으며, 그 후 성분 분석을 통하여 프로폴리스에 104종 정도의 각종 천연 성분이 들어 있다는 것을 알게 되었습니다. 또한 최근에는 프로폴리

스가 면역력 증대, 피부 재생, 항암 효과 등이 있다는 것이 알려지면서 건강 보조 식품으로 각광받고 있습니다.

## 밀랍

지금까지는 벌들이 자연에서 모은 여러 가지 유용한 물질들에 대해서 알아보았습니다. 그런데 사람에게는 벌집까지도 유용하게 사용된답니다. 벌집의 재료가 무엇이었는지 기억나나요?

프리슈가 질문했다.

__ 밀랍이오.

네, 잘 기억하고 있군요. 예로부터 밀랍은 여러 분야에 사용되었습니다. 밀랍은 65℃ 정도의 낮은 온도에서도 잘 녹고 약간의 열을 가해 모양을 변형하기가 쉽습니다. 그래서 오랫동안 미술 재료로 많이 사용되었지요. 고대 이집트, 로마, 그리스에서는 밀랍으로 조각상이나 여러 가지 생활 용품을 만들었고, 미켈란젤로 같은 조각가들은 밀랍을 이용해 조각상의 원형을 만든 다음 실제 조각상을 만들기도 했지요. 연예인이나 유명 인사의 모습을 밀랍 인형으로 만들어 전시하는 영국의 마담 투소 밀랍 인형 박물관은 매우 유명합니다.

이 밖에도 밀랍의 방수 능력, 절연 효과 등을 이용해 방수제, 절연체, 공업용 윤활제 등으로 사용하고, 구두나 가구의 광택제로도 이용합니다. 또한 예전에는 양초를 만들기 위해서 많은 양의 밀랍이 사용되었습니다. 양초를 많이 사용하는 수도원이나 교회 같은 곳에서는 대부분 직접 꿀벌을 길러 밀랍을 얻었습니다. 지금은 전기 발달로 밀랍 양초의 수요가 예전에 비해 줄어들었지만, 가톨릭 교회에서 쓰이는 양초를 생산하기 위해 매년 1,000톤이 넘는 밀랍이 사용된다고 합니다.

그 밖에 밀랍은 연고, 좌약, 화장품 같은 것을 만드는 데에도 사용되고 있습니다. 우리가 모르는 사이에 벌들이 만들어 낸 유용한 물질을 많이 사용하고 있는 셈이지요.

## 벌침

그런데 약간은 의외인 물질도 우리 생활에 유용하게 사용

된답니다. 바로 벌침이지요. 우리는 벌에게 쏘이는 것을 굉장히 무서워하고, 또 벌에 쏘인 사람이 크게 다쳤다는 뉴스를 보기도 합니다. 하지만 독도 잘 사용하면 약이 되듯이 한의학에서는 벌침을 침술에 사용합니다.

벌침의 역사는 아주 오래되었습니다. 의학의 아버지로 불리는 히포크라테스(Hippocrates, B.C.460?~B.C.377?)는 벌침을 '대단히 신비한 약'이라고 했습니다. 그리고 이슬람의 경전인 《코란》에는 벌침과 벌꿀이 인체에 아주 이로운 것이라고 기록되어 있습니다. 또한 드라마 〈대장금〉에서 미각을 잃은 장금이가 벌침을 맞고 미각을 회복하는 내용이 나오는데, 이처럼 한국의 조상들도 벌침을 치료용으로 사용했다는 것을 알 수 있습니다. 이렇게 벌침을 맞으면 염증이나 통증을 없애 주고, 우리 몸에 나쁜 균을 죽이며 마비된 신경을 돌아오게 한다고 합니다.

오늘은 꿀벌이 만드는 여러 가지 물질과 이것을 우리가 어떻게 이용하는지에 대해 알아보았습니다. 지금까지 배운 내용을 정리해 볼까요?

• 벌은 우리에게 벌꿀, 꽃가루, 로열젤리, 프로폴리스, 밀랍 등을 제

공한다.

- 벌이 만든 물질은 식품, 약, 미용 재료, 양초 등에 다양하게 이용된다.
- 벌꿀, 꽃가루, 로열젤리 등으로 만든 건강 보조 식품을 너무 과신해서는 안 된다.

## 만화로 본문 읽기

와, 밀랍 인형이 실제 사람하고 완전 똑같아!
밀랍 인형 전시
와아
이 밀랍이 벌이 만들어 내는 물질이란 건 알고 있나요?
네에?!

벌집을 만들 때 쓰는 밀랍으로 양초나 밀랍 인형도 만들 수 있답니다.
오오~
와, 벌이 만들어 내는 게 맛있는 꿀 말고 또 있었어요?

그래! 여왕벌이 만드는 로열젤리도 있잖아.
음, 생각해 보니 꽃가루도 있네요.
모두 맞아요.

꽃가루는 단백질과 탄수화물, 8가지의 필수 아미노산과 10종류의 비타민이 포함되어 있는 완전한 영양 식품이지요. 또한 부작용이 없는 완전식품이랍니다.
정말요?

또한 벌집을 보호할 때 쓰는 프로폴리스는 치료제나 항생제로 사용했고, 최근엔 면역력 증대, 피부 재생, 항암 효과가 있다는 게 알려져 건강 보조 식품으로 각광받고 있지요.
휴우
아무튼, 어른들은 건강에 좋다면 뭐든 다 드시지.

그러고 보니 제가 무서워하는 벌침도 약으로 쓴다고 들었어요!
맞아요. 드라마 〈대장금〉에서 혀에 벌침을 맞는 장면을 본 적 있어요!
붕
붕
이렇게 우리에게 많은 도움을 주니 꿀벌을 사랑할 수밖에 없겠지요.

마지막 수업 7

# 꿀벌과 식물의 상부상조

식물과 꿀벌이 서로에게 주는 이로움을 알아봅시다.
또한 꿀벌이 생태계에서 왜 중요한지,
꿀벌이 사라지면 인간에게 어떤 영향을 미치는지에 대해 생각해봅시다.

7

마지막 수업

# 꿀벌과 식물의 상부상조

| 교과연계 | | |
| --- | --- | --- |
| 초등 과학 5-1 | 5. 꽃 | |
| 초등 과학 5-2 | 1. 환경과 생물 | 3. 쾌적한 환경 |
| 중등 과학 2 | 4. 식물의 구조와 기능 | |
| 중등 과학 3 | 8. 유전과 진화 | |

# 프리슈가 예쁜 꽃 사진을 보여 주며 마지막 수업을 시작했다.

## 꽃의 구조

아름다운 꽃을 보면 우리들의 마음도 예뻐지는 것 같습니다. 그런데 식물은 왜 꽃을 피우는 걸까요? 그 이유는 자손을 남기기 위해서랍니다. 암수가 만나 짝짓기를 하여 대를 잇는 동물처럼, 식물은 씨를 만들어 자손을 남깁니다.

꽃은 크게 암술, 수술, 꽃잎, 꽃받침으로 되어 있습니다. 이 중에서 자손을 남기는 데 가장 중요한 곳은 암술과 수술입니다. 암술은 동물의 암컷에 해당하고, 수술은 동물의 수컷에

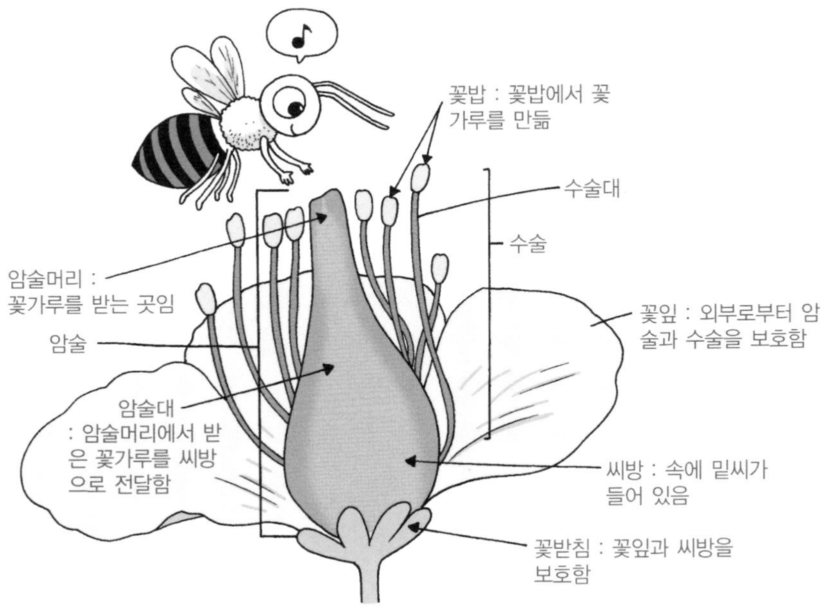


해당하기 때문입니다. 수술은 다시 수술대와 꽃밥으로 나뉘는데, 꽃밥 속에는 동물의 정자에 해당하는 꽃가루가 들어 있습니다. 암술은 암술머리와 암술대로 구분되며 꽃가루가 암술머리에 묻으면 암술대를 지나 암술 속 씨방 안의 밑씨(동물의 난자에 해당)에 전달됩니다.

또 꽃잎과 꽃받침은 외부의 온도, 환경 변화나 적의 침입으로부터 암술과 수술을 보호하는 역할을 합니다. 꽃가루를 옮기는 일은 꿀벌이나 나비 같은 곤충이 담당합니다. 벌이나

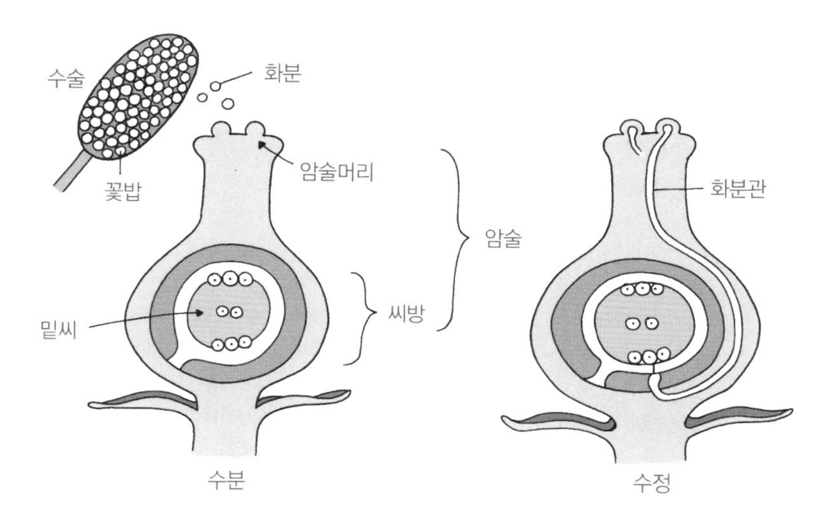


나비는 이 꽃, 저 꽃을 날아다니며 맛있는 꿀을 모으면서 꽃가루를 옮겨서 암술에 전달하게 됩니다. 이때 수술이 만든 꽃가루가 암술과 만나는 것을 수분이라고 하며, 수분이 일어난 후 암술머리에 묻은 꽃가루가 암술대를 거쳐 씨방 속 밑씨로 들어가는 과정을 수정이라고 합니다. 밑씨는 자라서 씨가 되고, 씨방은 자라서 열매 부분이 되지요.

이와 같이 곤충에 의한 식물의 번식 방법은 이미 알고 있었을 것입니다. 그런데 식물의 성에 관한 개념과 곤충에 의한 수분 방법이 알려진 것은 그리 오래되지 않았답니다. 지금은 당연하게 사실인 것으로 믿고 있지만, 식물도 성이 구별된다

과학자의 비밀노트

**꽃의 종류**

꽃은 꽃잎, 꽃받침, 암술, 수술로 이루어져 있다. 그런데 한 꽃 안에 4가지가 모두 있으면 갖춘꽃, 이 중 어느 하나라도 없으면 안갖춘꽃이라고 한다. 갖춘꽃에는 장미, 완두 등이 있고, 안갖춘꽃에는 튤립, 벼 등이 있다.

또 한 꽃 안에 암술과 수술이 모두 있으면 양성화, 암술(암꽃)이나 수술(수꽃) 중 어느 하나만 가지고 있는 꽃을 단성화라고 한다. 단성화에는 오이, 호박, 수박 등이 있다. 그런데 단성화 중에서 밤나무처럼 암꽃과 수꽃이 한 나무에 함께 피면 암수한그루(자웅동주)라고 하고, 은행나무처럼 각각의 나무에 피면 암수딴그루(자웅이주)라고 한다.

는 것과 곤충에 의해 수분이 된다는 것을 과학자들은 쉽게 받아들이지 못했거든요. 즉, 17세기가 되기 전까지 식물의 성이라는 개념은 발견되지 않았습니다.

1676년 왕립 학회에서 영국의 식물학자인 그루(Nehemiah Grew, 1641~1712)는 최초로 꽃의 수술이 씨가 생기도록 하는 수컷 구실을 한다고 주장했습니다. 1694년 독일의 식물학자인 카메라리우스(Rudolf Camerarius, 1665~1721)는 열매가 맺히기 위해서는 수술과 암술이 필요하며, 이는 식물의 생식 기관이라고 주장했습니다. 후에 린네(Carl Linné, 1707~1778)는 이 주장을 받아들여 식물의 생식 기관을 기초로 해서 식물의 분류 체계를 세웠습니다. 그래서 린네는 분류학의 아버지로 평가받고 있지요.

하지만 당시 많은 과학자들은 식물에 성별이 있다는 것에 많은 의심을 품었답니다. 또 기독교가 널리 퍼져 있었던 시기였기 때문에 부도덕한 말이나 행동을 하면 많은 비난을 받았어요. 보수적인 학자들의 눈에는 식물의 성별을 운운하는 린네와 같은 학자들이 맘에 들 리가 없었겠죠. 그래서 이러한 주장을 외설적이라고 비난했어요. 오늘날 너무 야한 영화나 뮤직비디오 같은 것이 있을 때, 미성년자가 보지 못하도록 해야 한다고 논란이 되는 것과 마찬가지랍니다. 하지만 시간이 지나면서 식물의 성별에 관한 논란은 차츰 자취를 감추게 되었답니다.

## 수분 과정에서 중요한 역할을 하는 곤충

수분 과정에서 곤충이 얼마나 중요한 일을 하는지는 그 후 100여 년이 지난 다음에야 알려졌습니다. 고대 그리스의 철학자인 아리스토텔레스는 《동물지》라는 책에서 꿀벌들이 같은 종류의 꽃을 계속 찾아가는 경향이 있다는 것을 기록했습니다. 하지만 꿀벌의 움직임과 식물이 열매를 맺는 것을 연결지어 생각하지 못했습니다.

아주 오랜 세월이 지나 1751년 식물학자 그루는 곤충의 먹이가 꽃가루라는 사실을 알게 되었습니다. 또 독일의 박물학 교수였던 콜로이터는 수많은 과일과 채소 그리고 꽃은 곤충이 찾아와야만 수분이 되고, 열매를 맺을 수 있다는 것을 알아냈습니다.

그러나 꽃과 곤충의 관계를 과학적으로 관찰하기 시작한 사람은 슈프렝겔(Christian Sprengel, 1750~1816)입니다. 슈프렝겔은 독실한 기독교 신자였는데, 기독교에 의존해 동료들을 비판했던 과학자들과 달리 오히려 다음과 같은 생각을 가지고 있었습니다.

나는 현명한 대자연의 창조주가 식물에 나 있는 한 가닥의 털도 어떤 특별한 계획 없이 만들지 않았으리라는 확신을 가지고, 이 털들 이 어떤 용도를 쓰일 수 있는가를 깊이 고민했다.

이렇게 창조주가 모든 생물에게 쓸데없는 것을 만들어 주지 않았으리라는 믿음으로 식물의 각 부분에 대해, 특히 꽃에 나 있는 털이나 점 같은 것을 자세히 관찰했습니다.

그리고 1793년, 여러 해에 걸친 그의 연구가 《꽃의 구조와 수정에 관하여 밝혀진 비밀》이라는 책으로 발표되었습니다. 이 책에서 그는 꽃의 특징적인 구조가 곤충이 수분을 하는 데 어떤 역할을 하는지 설명했습니다. 특히 꽃 안의 점이나 털이 수분을 하도록 곤충을 유인하는 역할을 한다는 것을 알아내었습니다. 하지만 너무 연구에 몰두한 나머지 교장 선생님으로서의 일을 게을리하여 학교에서 쫓겨나고 말았습니다.

이렇게 그의 위대한 발견에도 당시 사람들은 연구 결과의 중요성을 알지 못했기 때문에 슈프렝겔의 말년은 비참했다고 해요. 이후 그의 뛰어난 통찰력은 반세기 동안 제대로 인정받지 못했습니다.

곤충이 식물의 수분을 돕는다는 것을 과학적으로 증명하고, 사람들에게 널리 알린 사람은 《종의 기원》으로 유명한 다윈(Charles Dawin, 1809~1882)입니다. 다윈은 진화론을 주

장한 것으로 널리 알려져 있지만, 그 밖에도 많은 연구를 한 과학자입니다. 다윈은 실험을 통해 식물의 수분에 곤충이 필요하다는 것을 증명하였고, 이러한 실험 결과를 일반 독자들이 알기 쉽고 재미있게 읽을 수 있도록 설명하였습니다. 이로써 곤충이 식물의 수분을 매개한다는 사실을 널리 인정받게 되었지요. 이처럼 과학에서의 이론은 얼마나 정확하게 실험했는지도 중요하지만, 얼마나 이해하기 쉽도록 설명했는지도 중요하답니다. 슈프렝겔도 비슷한 실험을 했지만, 당시

사람들을 이해시키는 데 실패했기 때문에 많은 비난을 받은 것에서 알 수 있지요. 아무튼 오늘날 우리가 당연하게 알고 있는 곤충의 수분은 밝혀진 지 200년 정도밖에 되지 않았답니다.

참고로 다윈이 살았던 당시의 영국은 대영 제국이라고 불리는 강대국이었습니다. 그는 대영 제국이 다른 나라와의 많은 전쟁에서 승리하면서 세계의 주도권을 쥘 수 있었던 이유가 영국에 살고 있는 독신 여성 때문이라고 말했답니다. 당시 영국에는 결혼을 하지 않은 독신 여성이 많았는데, 이들은 대부분 고양이를 키웠다고 해요. 독신 여성들이 키우는 고양이가 들쥐를 잡아먹으면서 들쥐들이 야생 벌집을 부수

지 못하게 되고, 그렇게 되자 꿀벌들이 많아지게 되어 식물의 수분이 더 활발하게 일어나게 되었는데 이로 말미암아 소들의 먹이로 많이 사용되는 붉은토끼풀이 늘어나게 되고, 먹이가 많아지게 되니 군대에 공급하는 쇠고기의 양이 늘어나 군인들이 배불리 먹고 잘 싸울 수 있게 되었다는 거죠. 꿀벌이 한 나라의 국력에도 영향을 미쳤다는 것이 약간 과장되어 보이지만, 한편으론 재미있는 이야기죠?

## 충매화와 풍매화

그런데 식물의 수분은 곤충에 의해서만 일어날까요?

— 곤충 이외에도 바람, 물, 새에 의해 수분이 일어나요.

그렇습니다. 곤충에 의해 수분이 되는 꽃을 충매화, 바람에 의해 수분이 되는 꽃을 풍매화라고 하지요. 그렇다면 충매화와 풍매화를 구별하는 특징이 무엇인지 알고 있나요?

— 충매화는 대개 꽃 색깔이 화려하고, 향기나 꿀을 만들어 곤충을 유혹하고요, 풍매화는 바람에 의해 수분이 되기 때문에 꽃이 수수하거나 꽃잎이 없는 등 눈에 잘 띄지 않아요.

네, 다들 잘 알고 있네요. 그런데 풍매화와 충매화는 꽃의

충매화 풍매화

생김새 말고도 만들어지는 꽃가루 양의 차이도 있답니다.

이 이야기를 하기 위해서는 아주 오랜 옛날로 거슬러 올라가야 해요. 식물은 크게 꽃이 피고 씨로 번식하는 꽃식물과 꽃이 피지 않고 포자로 번식하는 민꽃식물로 나뉜답니다. 식물이 지구상에 나타난 때는 약 5억 년 전으로, 민꽃식물이 먼저 나타났고 꽃식물은 그 이후에 나타났어요.

이 중 우리가 이야기할 것은 꽃식물이랍니다. 지금으로부터 1억 3,000만 년 전부터 꽃식물은 존재했습니다. 처음 나타난 꽃은 풍매화였어요. 따라서 꽃의 번식이 바람에 의해서만 이루어졌을 때에는 엄청난 양의 꽃가루가 필요했습니다. 수분 성공률이 높지 않았으니까요. 풍매화는 한 번에 100만 개가 넘는 꽃가루를 만들어 낸다고 하니 얼마나 많은 양인지

알 수 있겠죠? 사실 꽃의 처지에서 보면, 100만 개나 되는 꽃가루를 만드는 일은 엄청나게 비효율적이에요. 하지만 수분 가능성이 높지 않은 바람에만 의존하다 보니 어쩔 수 없었겠죠.

그러다가 곤충에 의한 수분, 특히 꽃을 망가뜨리지 않으면서 수분 성공률을 높여 주는 꿀벌이 등장하고부터 꽃들은 꽃가루 생산량을 대폭 줄일 수 있었답니다. 바로 충매화의 등장이지요. 충매화는 곤충이 등장하고 나서야 나타날 수 있었습니다. 이처럼 곤충과 꽃은 필요에 의해 서로 도움이 되는 방향으로 진화하게 되었답니다.

꽃가루 매개 곤충들은 형태나 행동 면에서 꽃가루를 더 정확하고 효율적으로 전달할 수 있는 특징을 나타내는 경우가 많습니다. 사실 꿀벌에게는 꽃가루를 많이 만들지 않는 충매화가 반가운 것만은 아니에요. 많은 양의 꽃가루를 모으기 위해서는 많은 꽃을 찾아다녀야 하니까요. 그래서 꿀벌들은 이 귀중한 꽃가루를 안전하게 가져가기 위해 앞다리로 덩어리를 만들어 뒷다리의 오목한 꽃가루 주머니에 붙이게 되었습니다. 또한 온몸에 나 있는 잔털은 더 많은 꽃가루를 붙일 수 있도록 해 주었지요. 몸에 난 잔털에만 15,000개의 꽃가루가 붙을 수 있다고 하니 1마리의 꿀벌이 나르는 꽃가루의 양이 얼마나 많은지 알 수 있겠죠? 꽃가루 수집을 나선 꿀벌 1마리는 약 15mg의 꽃가루를 모을 수 있는데, 이를 꿀벌 무리가 모으는 양으로 환산하면 1년에 약 20～30kg의 순수한 꽃가루를 모으는 셈이 됩니다.

특히 꿀벌은 나비나 파리처럼 무작위로 꽃을 방문하지 않고, 어떤 꽃에서 먹이를 수집하기 시작했으면 그날은 같은 종의 식물만 찾아다니는 의리파입니다. 이것은 꽃과 꿀벌 모두에게 유리합니다. 식물은 자신의 꽃가루가 낯선 식물의 암술에 붙는 것을 막을 수 있고, 꿀벌은 특정한 꽃을 다루는 데

숙련되어 신속하게 꿀을 모을 수 있기 때문입니다. 이처럼 꿀벌들은 식량이 되는 꽃가루를 모아서 좋고, 꽃들은 많은 양의 꽃가루를 만들지 않아도 수분이 잘되니 상부상조의 관계라고 할 수 있어요.

__ 그런데 꿀벌들이 꽃가루를 다 먹어 치우면 어떡해요?

한 학생이 걱정스러운 얼굴로 질문했습니다.

하하, 꽃도 꿀벌에게 꽃가루를 퍼 주는 것만은 아니랍니다. 꽃가루는 단백질과 지방이 많이 들어 있어 꿀벌에게는 훌륭한 먹이입니다. 하지만 꽃가루를 먹는 것이 그리 만만한 일은 아니에요. 꽃가루는 엑신이라는 단단한 단백질 껍질로 싸여 있는데 이것은 잘 소화가 되지 않거든요. 찾아드는 곤충들이 꽃가루를 모두 먹어 치운다면 식물의 대가 끊어질 것이기에 식물이 나름의 꾀를 쓴 것이지요. 야생 동물이 나무 열매를 먹어도 씨는 소화가 되지 않고 배설물로 나와 다시 싹이 틀 수 있듯이, 꽃가루도 자신을 보호할 수 있는 수단이 있는 셈이지요.

하지만 꿀벌을 유인하기 위한 꽃의 전략은 이것뿐만이 아닙니다. 꽃들은 수분을 도와주는 곤충을 끌어들이기 위해 다양한 유인 물질을 제공합니다. 방금 살펴본 꽃가루 이외의 물질로는 꿀이 있습니다. 꿀은 식물의 진화 과정에서 비교적 최근에 발달한 것으로 일부의 꽃식물에서만 볼 수 있습니다.

꿀의 성분은 포도당, 과당, 설탕이 대부분이며, 그 밖에 아미노산(단백질을 이루는 기본 물질), 지방, 비타민 등이 들어 있습니다. 그런데 꿀은 꽃의 종류에 따라 한 꽃 안에 들어 있는 양, 질, 온도 등이 다양합니다.

따라서 서로 더 훌륭한 꿀을 만들어 곤충을 유인하려고 식물들 사이에 경쟁이 일어납니다. 예를 들어 벚꽃은 하루에 30mg 이상의 꿀을 만들어 냅니다. 벚나무 한 그루로 계산하면 하루에 약 2kg의 꿀을 만들어 내는 셈이지요. 꿀벌 1마리가 1회 비행을 해서 꿀주머니를 가득 채워 가지고 올 수 있는 양이 최대 40mg이므로 꿀벌 1마리가 벚꽃 1~2송이에만 들러도 꿀주머니를 가득 채울 수 있지요. 하지만 사과 꽃은 한 송이당 2mg의 꿀을 만들어 냅니다. 따라서 사과 꽃에서만 꿀을 모으려면 20송이 정도를 방문해야 합니다.

__ 그렇다면 꿀벌들이 벚꽃에만 몰리지 않을까요? 사과 꽃에서만 꿀을 모으려면 꿀벌들이 너무 힘들잖아요.

꽃이 꿀벌을 유인하기 위해서는 적당량의 꿀을 만들어 내야 해요. 한 꽃에서 만드는 꿀이 너무 많으면 벌들이 많은 꽃

을 방문하지 않아 수분이 많이 일어나지 않을 것이고, 꿀의 양이 너무 적으면 수고에 비해 얻을 수 있는 꿀의 양이 적어서 꿀벌이 오지 않을 테니까요. 꿀벌 1마리는 하루 최대 3,000개의 꽃을 방문할 수 있다지만, 꿀벌들도 많은 꽃을 돌아다니기보다는 적은 수의 꽃을 방문해 많은 양의 꿀을 얻는 것을 더 좋아하겠지요. 꽃은 꿀의 양이 적을 경우, 질이 좋은 꿀을 만들거나 따끈따끈한 꿀을 만들어(꿀벌들은 차가운 꿀보다 따뜻한 꿀을 더 좋아함) 꿀벌들을 유혹한답니다.

또한 꿀벌의 생김새는 다른 곤충보다 꿀을 잘 얻을 수 있도록 생겼습니다. 예를 들어 꿀벌의 입은 꿀을 보다 편리하게 얻을 수 있도록 길쭉한 생김새로 진화하였습니다. 또 장의 일부를 꿀주머니로 만들어 몸무게가 90mg인 꿀벌이 최대 40mg까지 꿀을 저장할 수 있답니다.

하지만 아무리 맛있는 꽃가루와 꿀이 있어도 곤충이 꽃을 찾아오지 못하면 허사입니다. 그래서 식물은 화려한 꽃잎으로 곤충을 유혹합니다. 또 작은 꽃들은 한데 뭉쳐 피어 곤충의 눈에 더 잘 띄도록 하지요. 또 바람에 잘 흔들리면 꿀벌의 눈에 쉽게 띄지요. 어떤 꽃들은 적당한 크기, 모양, 무게의 곤충이 왔을 때에만 활짝 펼쳐져 꿀과 꽃가루를 내놓습니다. 작은 동물이 밟았을 때에는 반응을 보이지 않다가 사람의 몸

무게처럼 일정 무게 이상이 가해졌을 때 터지는 지뢰처럼 말이죠. 또 대부분의 꿀벌들은 파란색과 노란색에 잘 모여들기 때문에 꽃은 파란색과 노란색을 띠는 것이 많습니다.

그런데 어떤 꽃들은 꽃가루나 꿀은 주지 않고 얌체처럼 곤충을 속여서 수분을 하기도 합니다. 또한 어떤 난초에는 말벌이나 꿀벌의 암컷과 같은 모양, 냄새를 가지는 꽃이 핍니다. 난초꽃이 피면 수벌들은 이 꽃을 암컷으로 착각하고 짝짓기를 하려고 덤빕니다. 이때 수벌의 온몸에 난초의 꽃가루가 묻습니다. 난초꽃이 암컷이 아니라는 것을 알게 되면 수벌은 실망하며 다시 암컷을 찾아 떠나는데, 바보같이 다른 난초꽃을 보고 또 착각하여 달려듭니다. 이럴 경우 수벌의 몸에 묻어 있던 꽃가루는 자연스럽게 다른 난초꽃의 암술에

묻게 되고, 수분이 일어나게 되는 것이지요. 꿀벌에게는 아무 이득이 없고, 오직 난초만 이익을 보는 셈이지요. 라플레시아처럼 시체 썩는 냄새가 나는 꽃은 파리, 딱정벌레 같은 곤충을 꼬여 수분을 하도록 유인하지요. 이런 꽃들은 곤충의 습성을 영리하게 이용한다고 할 수 있습니다.

## 꿀벌이 생태계에 미치는 영향

지금까지 꿀벌과 꽃의 상부상조 관계에 대해 알아보았습니다. 꿀벌과 꽃이 서로 도움이 되는 방향으로 발달해 왔다는 것을 알 수 있었어요.

그럼 꿀벌이 우리 생활과 생태계에 미치는 영향에 대해 좀 더 깊이 생각해 볼까요?

프리슈가 말했다.

생태계에서 꿀벌의 위치는 매우 중요합니다. 꽃이 피는 식물의 80%가 곤충에 의해 수분이 이루어지는데, 이 중 약 85%가 꿀벌의 도움을 받습니다. 식물 종 수로 환산하면 약 17만 종의 식물이 꿀벌의 도움을 받아 씨를 맺는 것이지요. 특히 과일나무의 경우에는 약 90%가 꿀벌에 의해 수분이 되고 있습니다. 따라서 꿀벌의 수분 없이 생존하기 힘든 꽃식물은 약 4만 종이나 되는 것으로 추정하고 있습니다.

이렇게 꿀벌은 전 세계에서 소, 돼지 다음으로 중요한 가축의 지위를 가지고 있다고 합니다. 꿀벌이 가축에 속한다고 하니 이상하게 생각되겠지만 노동력이나 고기, 젖을 주는 좁은 의미의 가축이 아닌 농업에 이용되는 동물이라는 넓은 의미로 가축에 포함되는 것이지요.

대규모로 농사를 짓는 미국의 경우, 꿀벌에 의해 열매를 맺는 식물에는 아몬드, 사과, 아보카도, 블루베리, 체리, 오이,

귤, 키위, 멜론, 복숭아, 호박, 딸기 등이 있고, 채소에는 아스파라거스, 브로콜리, 당근, 샐러리, 양파 등이 있습니다.

그리고 꿀벌이 찾아오면 수확이 늘고 질이 좋아지는 식물에는 포도, 땅콩, 사탕무, 올리브, 콩 등이 있다고 합니다. 또 사람이 먹는 음식뿐만 아니라 소나 가축이 먹는 풀인 자주개자리(알팔파), 토끼풀 등의 수분에도 꿀벌이 필요하답니다.

그래서 미국의 양봉업자들은 과일나무의 개화 시기에 맞춰 꿀벌을 빌려 주는 사업을 합니다. 채취한 꿀을 팔아 얻는 수익보다 '가루받이 수수료'로 훨씬 더 많은 돈을 벌기 때문입니다.

예를 들어 수분 비용으로 벌통 하나당 2004년에는 60달러였는데 2008년에는 160~180달러까지 올랐다고 합니다. 아마 해가 갈수록 수분 벌을 빌리는 데 더 많은 돈을 필요로 할 것입니다. 이 같은 사정은 한국에서도 마찬가지입니다. 꿀벌이나 뒤영벌 등 수분을 도와주는 곤충을 과수 농가에 판매하는 사업으로 많은 돈을 버는 사람들이 있답니다. 슬픈 이야기이지만, 요즘에는 전 세계적으로 야생 꿀벌의 수가 많이 줄어들어 이렇게 인위적으로 꿀벌을 풀어 놓지 않으면, 수분이 잘 안 되거든요. 중국에서도 꿀벌이 많이 사라져 사람들이 나무에 올라가 직접 수분 작업을 하고 있다고 합니다.

충격적인 사실은 전 세계적으로 꿀벌의 수가 급격히 줄어들고 있다는 것입니다. 예를 들어 미국의 경우 2006년에 꿀벌 무리의 대량 몰살 사태로 약 300억 마리의 꿀벌이 떼죽음을 당했습니다. 더 무서운 것은 그 원인이 아직 명확하게 밝혀지지 않았다는 것입니다.

처음에는 사람들이 이 현상을 심각하게 생각하지 않았습니다. 아마도 꿀벌들의 천적인 응애 때문일 것으로 생각하고, 응애 약만 열심히 뿌렸거든요. 응애란 꿀벌의 몸에 사는 기생충으로 알과 애벌레의 체액을 빨아먹고 삽니다. 응애에 감염된 꿀벌은 죽지 않더라도 세균이나 곰팡이 등에 오염되어 기형 벌이 되거나 영양실조에 걸리고 맙니다.

특히 로열젤리를 만들어 내는 기관을 손상시켜 애벌레를 기를 수 있는 로열젤리를 만들어 내지 못하게 합니다. 이렇게 응애가 번지게 되면 로열젤리를 만들 수 없어 꿀벌들이 죽게 되는데, 다행히 응애 약을 뿌리면 죽일 수 있습니다. 그러나 대량 몰살된 꿀벌 무리에서는 응애가 발견되지 않았습니다. 원인은 알 수 없는데 계속 꿀벌들이 죽어 나가는 것을 본 사람들은 그제야 심각해지기 시작했습니다.

응애 다음으로 의심을 받은 것은 휴대 전화의 전자파입니다. 휴대 전화에서 나오는 전자파가 벌의 더듬이나 뇌에 영

향을 미쳐 방향 감각을 마비시키고, 비행 능력을 떨어뜨려 혼란에 빠지게 된다는 것이지요. 이 이론은 2006년에 독일에서 휴대 전화의 전자파가 벌에게 미치는 영향을 연구하면서 알려지게 되었습니다. 최근에 한국의 한 방송에서도 이와 관련된 실험을 소개했답니다. 하지만 아직까지 이 이론이 정확히 증명된 것은 아닙니다.

또 한 가지의 이론은 지구 온난화가 꿀벌의 떼죽음과 관련이 있다는 것입니다. 패커(Craig Packer)는 "미국 내에 꿀벌 수가 줄어든 이유는 지구 온난화로 활성화된 바이러스나 세균이 꿀벌을 감염시켰을 가능성이 있다"고 말했습니다. 하지만 이 이론 역시 꿀벌의 몸에서 새로운 바이러스나 세균이 발견되지 않아 증명되지 못했습니다.

그나마 가장 가능성이 높은 원인은 인간의 과도한 살충제 사용 때문이라는 것입니다. 더 많은 식량 생산을 위해 뿌린 농약이 꿀벌같이 이로운 곤충에게도 해를 끼쳐 떼죽음을 당하게 했다는 것이지요. 하지만 이 이유도 갑작스러운 꿀벌의 떼죽음을 설명하는 데에는 충분하지 않답니다. 살충제를 사용한 지 오래되었는데 왜 지금에야 이런 문제가 나타나며, 논밭이 없는 곳에서 살고 있는 꿀벌의 떼죽음을 설명할 수 없다는 것이 그 이유이지요. 이렇게 꿀벌의 떼죽음 원인을 밝혀내는 일은 어렵지만, 이것이 생태계와 인간에게 미치는 피해는 아주 명백합니다.

만일 꿀벌이 사라지면 어떻게 될까요? 아침에 먹는 토스트에 발라 먹을 꿀이나 크림을 발라 먹을 딸기가 없어집니다. 또 여러분이 좋아하는 코코아, 아이스크림 등도 먹을 수 없게 되지요. 코코아는 수분을 할 수 없기 때문에 구할 수 없고, 각기 다른 향을 내는 원료를 구할 수 없기 때문에 아이스크림을 만드는 재료도 구할 수 없답니다. 또 세계의 주요 농작물 115가지 중 87가지 정도의 과일, 견과류, 씨앗을 얻을 수 없게 됩니다.

아인슈타인(Albert Einstein, 1879~1955)은 "꿀벌이 지구

상에서 사라지면 인간은 4년 정도밖에 생존할 수 없을 것이다. 꿀벌이 없으면 수분도 없고, 식물도 없고, 동물도 없고, 인간도 없기 때문이다"라고 말했습니다. 이 말은 간단하면서도 아주 분명하게 지구의 미래를 보여 줍니다.

앞에서 살펴보았듯이 꿀벌들은 그 자체로도 꿀과 밀랍 같은 유용한 물질을 만들어 내는 일꾼일 뿐만 아니라, 식물의 수분에 없어서는 안 될 존재입니다. 수분이 되지 않으면 식물이 제대로 번식할 수 없을 것이고, 식물을 먹고사는 동물들도 죽게 될 것입니다. 또 꿀벌들이 없어지면 꿀벌을 먹고 살아가는 다른 동물들이 없어질 것이고, 이런 식으로 생물의 먹이 사슬이 파괴됩니다. 이렇게 생태계가 파괴되면 생태계의 구성원인 인간도 지구에서 사라지게 되겠지요.

최근에 지구 종말을 다룬 영화들이 나오는데, 외계인의 침략이나 기상 이변, 환경 오염 같은 거창한 이유가 아니라, 꿀벌이 지구 상에서 사라지는 사소한 듯 보이는 사건 하나가 지구 멸망을 앞당기게 될지도 몰라요. 카슨(Rachel Carson)이라는 유명한 환경 보호 운동가도 이미 몇 십 년 전에 《침묵의 봄》이라는 책에서 꿀벌이 사라지면 인간도 사라지게 된다고 경고했답니다.

이 책을 읽는 청소년 여러분도 꿀벌이 얼마나 생태계의 안정에 필요한 생물인지 알았으면 좋겠어요. 그리고 인간과 꿀벌이 평화롭게 살아갈 수 있도록 환경을 보호하고, 다른 생물을 보호하는 마음을 가졌으면 합니다.

오늘은 꿀벌과 식물이 서로 어떤 관계를 맺으며 살아가고 있는지, 꿀벌이 생태계에 미치는 영향을 통해 알아보았습니다.

지금까지 배운 내용을 정리해 볼까요?

- 꽃은 암술, 수술, 꽃잎, 꽃받침으로 이루어져 있으며 이 중 생식에 관련된 것은 암술과 수술이다.
- 꽃가루가 암술머리에 묻는 것을 수분, 꽃가루와 암술 속의 밑씨가 만나는 것을 수정이라 한다.
- 식물과 꿀벌은 서로 이익이 되는 방향으로 진화해 왔는데, 식물은 곤충에게 먹이를 주고 곤충은 식물의 수분을 담당한다.
- 꿀벌은 전 세계 농업에서 중요한 역할을 담당하고 있으며, 꿀벌이 사라지면 전 생태계가 위험에 처하게 되며 인간의 생존에도 위협이 된다.

## 만화로 본문 읽기

봄이 오니까 정말 좋아요. 여기도 꽃, 저기도 꽃. 아름다워….
꽃이 꼭 너를 위해서 핀 것처럼 좋아한다.
팔랑
팔랑
팔랑
꽃이 많으니까 벌이나 나비도 많은 것 같네요.

그런데 벌이나 나비는 왜 꽃을 좋아하죠?
그것도 모르냐? 꿀이나 꽃가루를 얻으러 다니는 거잖아.
팔랑
맞아요. 반대로 꽃들도 벌과 나비를 좋아한답니다.

엥?!
자기 꿀을 훔쳐 가는 데도요?
흠~
흠, 반대로 생각하면 꽃은 스스로 수분을 하지 못하기 때문에 꿀과 꽃가루로 벌을 유혹하는 거예요. 특히 꿀벌은 같은 날, 같은 종의 식물만 찾아다니면서 수분을 도와주는 의리파거든요.

말하자면 중매쟁이 같은 거네요.
꽃끼리 결혼시켜 주고 대가로 꿀이나 꽃가루를 얻어 오다니! 정말 똑똑한 꿀벌이네요!
그럼요. 식물의 80%가 곤충에 의해 수분이 이루어지는데, 그중 85%가 꿀벌의 도움을 받는답니다.

특히 과일나무의 약 90%가 꿀벌의 도움을 받고 있지요.
꿀벌이 없다면 맛있는 과일도 없는 셈이네요.
악~
안 돼! 내 꿀! 내 딸기!

예쁜 꽃과 부지런한 꿀벌 덕분에 새삼 자연의 소중함을 알게 되었어요, 선생님.
앞으로 나도 같이 보호해 줄게~!!
휙
휙
세상에 필요 없는 건 없어요. 이렇게 작은 꿀벌에서 미래의 주인이 될 사랑스러운 여러분까지 말이죠!

# 부록

과학자 소개
과학 연대표
체크, 핵심 내용
이슈, 현대 과학
찾아보기

과학자 소개

## 벌들의 의사소통을 알아낸 프리슈Karl von Frisch: 1886~1982

프리슈는 오스트리아 출신의 독일 동물학자입니다. 그는 1910년 뮌헨 대학교에서 박사 학위를 받은 후, 물고기에 대한 연구를 시작했습니다. 물고기들이 색깔과 밝기의 차이를 구별할 수 있다는 것을 증명하였고, 물고기의 청각이 사람보다 뛰어나다는 사실도 밝혀냈습니다.

그러나 프리슈는 꿀벌에 대한 연구로 더 널리 알려졌습니다. 1919년 벌이 다양한 맛과 냄새를 구별할 수 있으며, 후각은 사람과 비슷하지만 미각은 그동안 학자들이 생각했던 것과는 달리 잘 발달되지 않은 것을 알아냈습니다. 또 벌들의 의사소통 방법을 연구하여 원을 그리거나 꼬리를 흔드는 춤으로 다른 동료 벌들에게 먹이의 위치, 방향을 알려 준다는 것을 알아냈습니다.

또한 1949년에는 벌이 태양을 나침반으로 이용한다는 이론을 발표하였고, 시간이 지남에 따라 달라지는 태양의 위치와 주변의 지형을 기억하여 태양이 지고 난 후에도 방향을 찾을 수 있다는 것을 발견했습니다.

그는 물고기나 꿀벌 같은 동물을 대상으로 한 실험뿐만 아니라, 장시간의 비행기 여행에서 나타나는 사람의 시차 부적응 문제를 처음으로 연구하기도 했습니다.

프리슈는 1973년에 로렌츠, 틴버겐과 함께 동물의 행동 유형을 연구한 공로로 노벨 생리 의학상을 받았습니다. 이때 프리슈의 나이는 87세로 노벨상 수상자 중 최고령이었습니다.

이렇게 프리슈는 꿀벌 연구를 통해 동물도 학습할 수 있다는 것을 밝혀냄으로써 동물 행동학을 발전시키는 데 큰 기여를 하였습니다.

과학 연대표

# 언제, 무슨 일이?

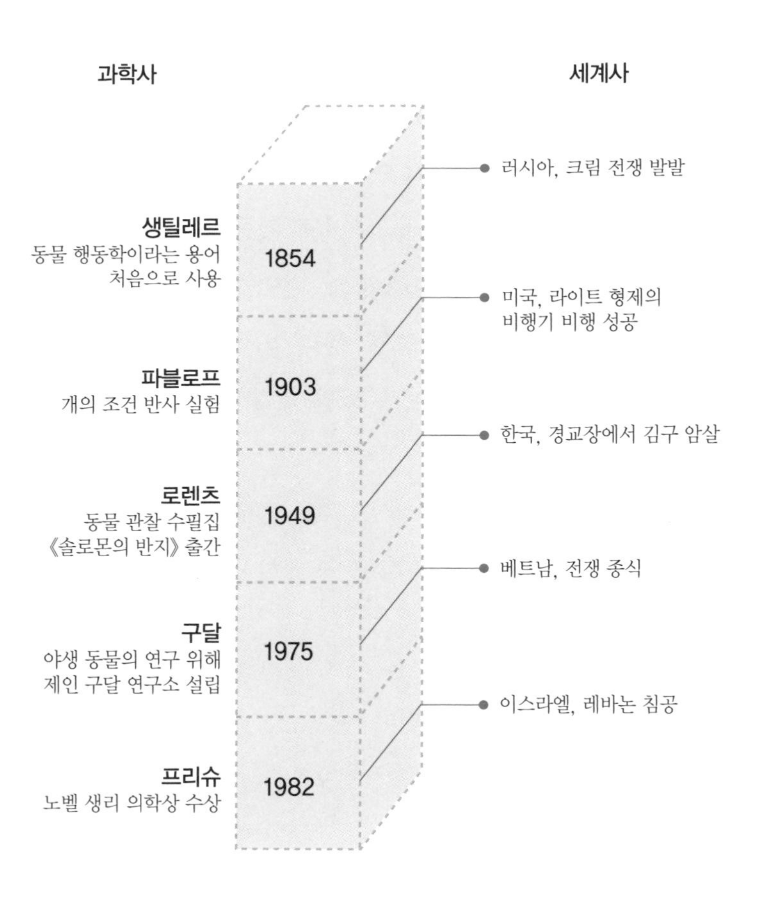

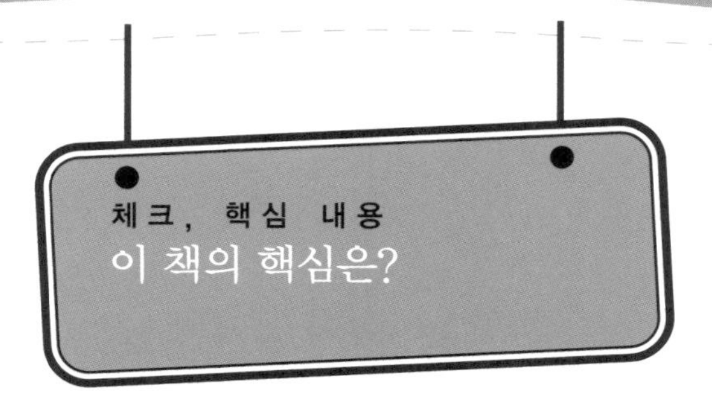


1. □□ □□□이란 동물의 행동과 습성을 연구하는 학문입니다.
2. 꿀벌의 눈은 사람과 달리 □□색을 구별할 수 없습니다.
3. 꿀벌 사회는 일벌, □□, □□□로 이루어져 있습니다.
4. 꿀벌은 알 → 애벌레 → 번데기 → 어른벌레의 한살이 과정을 거치는데, 이를 □□□□라고 합니다.
5. 여왕벌을 키우기 위해 먹이는 물질은 꿀벌의 몸에서 나오는 □□□□입니다.
6. 벌집의 주요 재료는 꿀벌의 몸에서 나오는 □□입니다.
7. 꿀벌은 먹이가 가까운 곳에 있을 때는 □□춤을, 먼 곳에 있을 때는 □□춤을 춥니다.
8. 세상에서 꿀벌이 사라지면 식물이 □□을 할 수 없어 생태계가 파괴됩니다.

1. 동물 행동학 2. 빨간 3. 수벌, 여왕벌 4. 완전변태 5. 로열젤리 6. 밀랍 7. 원형, 8자 8. 수분

이슈, 현대 과학

## 말벌을 죽이는 꿀벌의 무기

꿀벌의 가장 무서운 천적 중의 하나는 장수말벌입니다. 《꿀벌 마야의 모험》이라는 책을 보면, 벌집을 공격한 말벌들의 공격에 속수무책으로 당하는 꿀벌들의 이야기가 나옵니다. 하지만 꿀벌들이 마냥 말벌의 공격에 당하는 것만은 아닙니다. 말벌은 덩치가 크고 씹는 턱이 잘 발달해 있지만, 꿀벌은 수가 많아 집단으로 공격을 합니다. 아무리 힘이 세도 많은 수가 덤비면, 말벌은 당해낼 수가 없지요.

그런데 최근의 연구에 의하면 꿀벌들은 인해 전술 이외에도 열과 이산화탄소라는 천연 무기를 사용하여 말벌을 질식사시킨다는 사실이 밝혀졌습니다. 일본의 한 대학 연구진이 알아낸 바에 따르면, 몸길이가 5cm나 되는 사나운 장수말벌이 꿀벌의 벌집을 공격해 이들의 애벌레를 잡아먹으려고 할 때 꿀벌들은 장수말벌 주위를 공처럼 둘러싼다고 합니다. 이렇게 빽빽하게 공 모양으로 둘러싸면 그 안의 온도는 45～46℃까지 올라가게 되고, 10분 정도 지나면 장수말벌들이 모두 죽게 된다고 합니다.

그러나 장수말벌은 47℃의 고온에서도 10분 정도는 살 수 있기 때문에 열만으로는 장수말벌을 죽이는 데 충분하지 않습니다. 이에 대학 연구진은 장수말벌을 마취시켜 온도계와 이산화탄소 가스 탐지기 끝에 고정시킨 뒤 꿀벌 둥지에 두었다고 합니다. 그러자 꿀벌들은 즉시 공 모양을 만들어 장수말벌 주위를 둘러쌌고, 5분가량 지나자 온도와 이산화탄소 농도가 가장 높게 올라가는 것으로 나타났다고 합니다.

이를 통해 연구진은 열과 이산화탄소가 말벌을 죽이는 주요 원인이라는 것을 알아냈습니다. 즉, 장수말벌을 고온에서 질식사시키는 것이지요.

또 장수말벌은 꿀벌들이 둘러싼 후 5분 이내에 죽지만, 꿀벌들이 10분 정도 둘러싸고 있는 이유는 남은 5분이 적의 죽음을 확인하는 시간이기 때문이라고 합니다.

말벌에 비해서는 보잘것없는 무기를 가진 꿀벌이지만, 협동 전략으로 물리치는 모습이 대단해 보이지 않나요?

찾아보기

# 어디에 어떤 내용이?